不一样的数学故事书

顾问　义务教育数学课程标准修订组组长
北京师范大学教授　曹一鸣

奇妙数学之旅

拯救智慧塔

五年级适用

主编：孙敬彬　禹　芳　王　岚

华语教学出版社

图书在版编目（CIP）数据

奇妙数学之旅．拯救智慧塔 / 孙敬彬，禹芳，王岚主编．— 北京：华语教学出版社，2024.9

（不一样的数学故事书）

ISBN 978-7-5138-2535-1

Ⅰ．①奇… Ⅱ．①孙… ②禹… ③王… Ⅲ．①数学—少儿读物 Ⅳ．① 01-49

中国国家版本馆 CIP 数据核字（2023）第 257640 号

奇妙数学之旅·拯救智慧塔

出 版 人 王君校
主　　编 孙敬彬　禹　芳　王　岚
责任编辑 徐　林　王　丽
封面设计 曼曼工作室
插　　图 枫芸文化
排版制作 北京名人时代文化传媒中心
出　　版 华语教学出版社
社　　址 北京西城区百万庄大街 24 号
邮政编码 100037
电　　话（010）68995871
传　　真（010）68326333
网　　址 www.sinolingua.com.cn
电子信箱 fxb@sinolingua.com.cn
印　　刷 河北鑫玉鸿程印刷有限公司
经　　销 全国新华书店
开　　本 16 开（710 × 1000）
字　　数 120（千）　10 印张
版　　次 2024 年 9 月第 1 版第 1 次印刷
标准书号 ISBN 978-7-5138-2535-1
定　　价 30.00 元

《奇妙数学之旅》编委会

写给孩子的话

学好数学对于学生而言有多方面的重要意义。数学学习是中小学生学生生活、成长过程中的一个重要组成部分。可能对很多人来说，学习数学最主要的动力是希望在中考时有一个好的数学成绩，从而考入重点高中，进而考上理想的大学，最终实现“知识改变命运”的目的。因此为了提高考试成绩的“应试教育”大行其道。数学无用、无趣，甚至被视为升学道路上“拦路虎”的恶名也就在一定范围、某种程度上产生了。

但社会上同样也广为认同数学对发展思维、提升解决问题的能力具有不可替代的作用，是科学、技术、工程、经济、日常生活等领域必不可少的工具。因此，无论是为了升学还是职业发展，学好数学都是一个明智的选择。但要真正实现学好数学这一目标，并不是一件很容易做到的事情。如果一个人对数学不感兴趣，甚至讨厌数学，自然就不会认识到学习数学的好处或价值，以致对数学学习产生负面情绪。适合儿童数学学习心理特点的学习资源的匮乏，在很大程度上是造成上述现象的根源。

为了改变这种情况，可以采取多种措施。《奇妙数学之旅》

这套书从儿童数学学习的心理特点出发，选取小精灵、巫婆、小动物等陪同小朋友一起学数学。通过讲故事的形式，让小朋友在轻松愉快的童话世界中，去理解数学知识，学会数学思考并尝试解决数学问题。在阅读与思考中提高学习数学的兴趣，不知不觉地体验到数学的有趣，轻松愉快地学数学，减少对数学的恐惧和焦虑，从而更加积极主动地学习数学。喜欢听童话故事，是儿童的天性。这套书将数学知识故事化，将数学概念和问题嵌入故事情境中，以此来增强学习的趣味性和实用性，激发小朋友的好奇心和想象力，使他们对数学产生兴趣。当孩子们对故事中的情节感兴趣时，也就愿意去了解和解决故事中的数学问题，进而将抽象的数学概念与自己的日常生活经验联系起来，甚至可以了解到数学是如何在现实世界中产生和应用的。

大中小学数学国家教材建设重点研究基地主任

北京师范大学数学科学学院二级教授

人物名片

棒子壳小学五年级的学生，临危受命成为智慧塔的“护塔神卫”，勇闯智慧塔，拯救精灵女王。

精灵王国的高阶精灵，在精灵王国的智慧塔和女王都被黑面包国国王控制后，再次和谷雨一起并肩战斗，拯救智慧塔和精灵女王。

精灵王国最高级别的精灵，拥有最高魔法，但她现在被邪恶的黑面包国国王囚禁在智慧塔的顶层，等待着魔法小精灵和谷雨去拯救。

黑面包国国王的手下，助纣为虐，带领手下的蝙蝠纵队、乌鸦战队等，为黑面包国国王干了许多坏事。

CONTENTS 目录

冒险出发前五分钟

夜深了，大大的月亮像玉盘一样高高悬挂在天上，银色的月光映照着几缕轻云，美妙至极。借着月光，透过半开的窗户，能看到我们的小主人公谷雨睡得正熟，他的嘴巴还不时流着口水，仿佛在梦里吃到了什么美食。

就在这时，北极星的方向突然出现了一道利剑般的闪电，接着，一个闪着金色光芒的球状物划破了寂静的夜空，朝着谷雨家中飞去。小金球在谷雨的床前着陆，整个房间顿时被照得金灿灿的。

"谷雨……"小金球轻声呼唤着。

谷雨似乎没有听到，用手挠了挠小鼻子，懒懒地翻了个身，继续做着他的美梦。

"胖谷雨！懒谷雨！"

"我的肉！"谷雨迷迷糊糊地大叫一声，猛地从床上坐了起来，眼睛都还没睁开，"太可惜了，一块肉刚到嘴边就被你吼掉了！"他揉了揉惺忪的睡眼，看见久违的好朋友魔法小精灵站在床前。

"啊！你怎么来了？"看见老朋友，谷雨激动得满脸通红。

看到谷雨终于醒了，魔法小精灵连忙凑上去着急地说："我是特意来找你的。邪恶的黑面包国国王利用诡计控制了我们精灵王国的十色智慧塔，把精灵女王关在了第十层。我知道你的数学现在越来越厉害了，所以想请你做我们的护塔神卫，帮助我们解救智慧塔的居民，营救出精灵女王。不然，我们整个精灵王国很快就会被黑

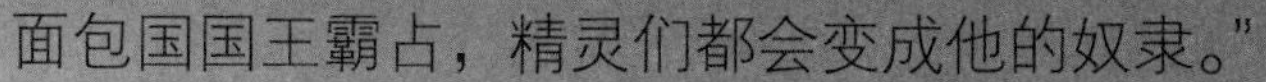

面包国国王霸占，精灵们都会变成他的奴隶。”

魔法小精灵说完，一脸恳求地盯着谷雨。谷雨之前去过精灵王国，很喜欢那里，而且他还受到过精灵女王的夸奖和帮助。现在精灵女王有难，他当然不会推辞了。

见谷雨一口答应，魔法小精灵高兴极了，拉着谷雨一起消失在了茫茫夜色之中，再次踏上了精彩的冒险之旅。

第一章

拯救香蒜大王

——折线统计图

魔法小精灵使用瞬移魔法，带着谷雨来到离智慧塔还有一段距离的地方，无奈地说："黑面包国国王在智慧塔附近设下了屏蔽魔法，而且他的手下一直在监视着精灵国的一举一动，咱们就不能用魔法瞬移过去了。"后面的路两个人只能徒步往前走，途中还偶尔搭乘了几次路过的魔法车和飞船。两个人走走歇歇，好不容易来到了智慧塔下。

谷雨打量着眼前这座智慧塔，忽然明白它为什么叫十色智慧塔了。整座塔是由十个不同的空间叠起来的，每层的颜色各不相同，并且都是一个相对独立的空间，只有一条路连通上下层。

"来这里的路曲曲折折的，真不好走啊！也不知道我们走了多少路程了，估计比我一个月走的路都多。"谷雨喘了口气说。

魔法小精灵"扑哧"一声笑了："亲爱的谷雨，你这也太夸张了吧！你看，我用精灵王国自制的行程记录仪记下了这些天我们走的路程。"

时间	第 1 天	第 2 天	第 3 天	第 4 天	第 5 天	第 6 天	第 7 天	第 8 天
路程 / 千米	62	70	49	73	76	81	86	90

"当然，这个表格太简单了，不能让我们对行程情况一目了然，但

我们可以将它制作成**折线统计图**，那样就更清楚了。折线统计图是由标题、横轴、纵轴、单位和制图日期组成的。”魔法小精灵边说边用变出来的香草纸和魔法笔画起来。

她写好标题和日期后，先画出横轴和纵轴，然后在横轴最右端写上“**时间**”的字样，在纵轴最上端写上“**路程 / 千米**”的字样，接着分别在横轴和纵轴上标了时间和路程的数量刻度，之后在横轴上找到对应的时间，在纵轴上找到对应的千米数，描出了对应的点。

谷雨出神地看着魔法小精灵描出了所有的点，问道：“你把这些点描出来有什么用啊？”

魔法小精灵神秘一笑，深吸一口气，说：“见证奇迹的时刻来了！”只见她迅速从左向右将各点用线段连起来，然后魔法笔一挥，“哗”的一下把图投影到了半空中。

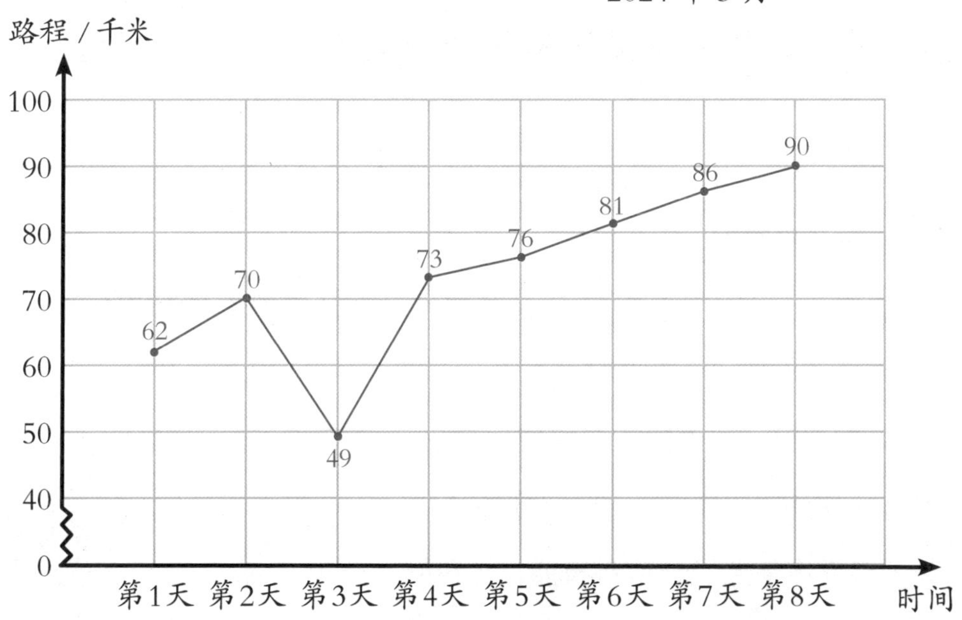

半空中出现了一张全息影像图，看上去就像谷雨家墙上挂的大电视。

“看，我们这 8 天的**步行情况折线统计图**完成啦！”魔法小精灵兴奋地说。

“原来折线是这些点连起来的，而这些点的高低是表示数据的多少啊。”谷雨恍然大悟。

“而且它还让我看出了数量的增减变化情况。这段在上升，表示我们的行程数在增加，那段在下降，表示我们的行程数在减少，对吗？”谷雨又问。

魔法小精灵边点头边指着图说：“太对了！看到那两段特别倾斜的线段了吗？线段的倾斜程度越大，就代表行程数增加或者减少得越快。看，第 2 天到第 3 天我们的行程数下降得最快，第 3 天到第 4 天我们的行程数上升得最快。”魔法小精灵的眼睛里闪耀着自信的光芒，“**这种折线统计图，不仅能通过点的高低看出数量的多少，还能通过线的起伏看出数量的增减变化和发展趋势**。你学会了吗？”

“嗯，谢谢你教会我这么神奇的本领。”谷雨边说边把手搭在了魔法小精灵的肩膀上。

看来，分别的这段时间里，不仅谷雨在认真努力地学习新知识，魔法小精灵也学到了不少呢！

就在这时，谷雨的背包里突然闪出一道蓝光。他一脸疑惑地打开背包，发现包里出现了一把折线形的钥匙。

“恭喜你掌握了一项新技能，还得到了一个神器。”魔法小精灵边鼓掌边说，“这把**折线形钥匙**肯定会有它的用途，你先收好。现在我们在第一层转一转，看看情况。”

又走了一段时间，谷雨和魔法小精灵来到了一扇高大的门前。这扇门呈暗红色，周围杂草丛生，阴森森的。一阵风吹过，令人寒毛直竖。

“这个门里就是香蒜大王的宫殿。”魔法小精灵左右看看，压低声音说。

两个人轻轻推开大门走进去，发现里面一片狼藉。

“站住！你们是谁？”身后突然传来一个可怕的声音。

“我们是来旅游的！”情急之下，谷雨随便编了个借口。

“旅游？哼哼，骗谁呢，你们这两个乳臭未干的小娃娃！”话音刚落，谷雨就感觉自己被架了起来，双脚腾空，脚尖点不到地。他侧头一看，被一张蓝色的脸吓了一跳：“啊！救命呀！”

“他们是黑面包国的蓝藻侍卫！”同样被抓住的魔法小精灵使劲挣扎着大声叫道。她想用魔法挣脱束缚，但魔法无论如何也使不出来。

无计可施的两个人被几个蓝藻侍卫架走，扔进了一个狭小阴暗的地牢里。

“老实点儿，好好待着！这座宫殿已经被我们黑面包国国王设下了魔法屏障，你们别想逃出去！”蓝藻侍卫恶狠狠地说完便大摇大摆地走了。

谷雨回过神，突然发现地牢的角落里坐着一个长着白色胡须的大蒜头。

“你是谁？为什么被关在这里？”谷雨凑过去好奇地问。

“我是这座宫殿的主人香蒜大王。黑面包国国王带领蓝藻侍卫突袭了我的宫殿，又用黑魔法把我关在了这个地牢。”那颗大蒜头有气无力地说。

“那怎样才能破除他们的黑魔法呢？”魔法小精灵问。

“他们烧毁了我的镇殿之宝**‘蒜叶生长情况统计图’**。只要重新制作出统计图，黑魔法就会自动解除，那些蓝藻侍卫也就灰飞烟灭了。”香蒜大王眼里闪着光，仿佛看见了那些蓝藻侍卫的下场。

魔法小精灵环顾了下四周，转身对谷雨说：“在这里我的魔法不

能用，我肯定出不去了。好在你不是精灵王国的人，这个屏障对你来说无效。我现在要聚集我所有的精神力，用意念把你传送出去。你出去以后找一些蒜瓣，把蒜叶培育出来，完成新的‘蒜叶生长情况统计图’。我说的你能明白吗？只有你能救我们了！”

“至少要种出两盆来，”香蒜大王叮嘱道，“一盆放在太阳光底下，一盆放在阴凉的地方，然后做出统计图，对比蒜叶的生长情况。”谷雨郑重地点点头。

魔法小精灵闭上眼暗暗发力，只见一团白光笼罩在谷雨身上，随着白光一闪，谷雨消失了。

而谷雨呢，突然觉得眼前一黑，然后就被甩到了宫殿外的空地上。他努力回忆着魔法小精灵和香蒜大王的话："找蒜瓣……种两盆……生长情况统计图……”可是这里荒无人烟，要到哪儿去找蒜瓣呢？

谷雨走了大半天，终于在一个树林深处发现了有人住的山洞。他等了好久才等到山洞的主人回来。谷雨向他说明了情况，那人二话不说就拿出了自己家珍藏的几个蒜瓣，还送给谷雨两个陶盆。

谷雨如获至宝，连忙在陶盆里装满土，将蒜瓣埋进去，又浇了水。随后，他按香蒜大王的要求，把其中一盆放在阳光下，另一盆放在山洞边的一间草屋里。

一切准备就绪，谷雨如释重负。他抱着双膝，下巴搁在膝盖上，静静地陪伴着这些蒜瓣。在他的精心照料下，没过几天，蒜瓣就长出了嫩绿的叶子，细细长长的。

从第 6 天起，谷雨便认真地记录起来：

阳光下蒜叶生长情况						
时间	第 6 天	第 8 天	第 10 天	第 12 天	第 14 天	第 16 天
长度 / 毫米	10	15	26	39	58	75

草屋里蒜叶生长情况						
时间	第 6 天	第 8 天	第 10 天	第 12 天	第 14 天	第 16 天
长度 / 毫米	5	10	18	25	32	45

可是光有这些数据不行啊，这个“蒜叶生长情况统计图”要怎么

画呢？谷雨陷入了沉思。

就在他一筹莫展的时候，背包里再次闪起蓝光，折线形钥匙缓缓从包里飘出来，发出机器人一样的声音：“小主人，让我来帮助你吧！”

谷雨一拍脑门儿：“对了！可以制作**折线统计图**啊。我怎么把这个忘记了！”他立刻握住折线形钥匙，而此时香草纸和魔法笔也及时出现在他眼前。

谷雨拿过魔法笔，在香草纸上先画了一条横轴，在最右端写上“**时间**”，并在横轴上分别标注了第6天、第8天、第10天、第12天、第14天、第16天；又画了一条纵轴，在最上端写上“**长度/毫米**”，并在纵轴上分别标注了数量刻度，每格表示10毫米。最后谷雨在图的上方写上了标题和统计日期。就这样，一幅**“阳光下蒜叶生长情况统计图”**就制作好了。接着，他又用同样的方法制作出了**“草屋里蒜叶生长情况统计图”**。一回生二回熟，这次制作得明显比上次快多了。

看着这两幅统计图，谷雨心情大好，现在万事俱备，只欠东风了。他拿起笔，把对应的数据用小圆点分别标记出来，并从左往右依次用线段连接起来。全部连完后，谷雨学着魔法小精灵的样子，用魔法笔一挥，两幅折线统计图瞬间就飞到半空，变成了全息影像图，在空中闪着微弱的蓝光。

谷雨欣喜万分，心想：有了“蒜叶生长情况统计图”，蓝藻侍卫现在应该都消失了吧，而那可恶的黑面包国国王一定也被气得吹胡子瞪眼睛，像无头苍蝇一样满屋子打转呢！

想着想着，谷雨不禁咯咯笑起来。

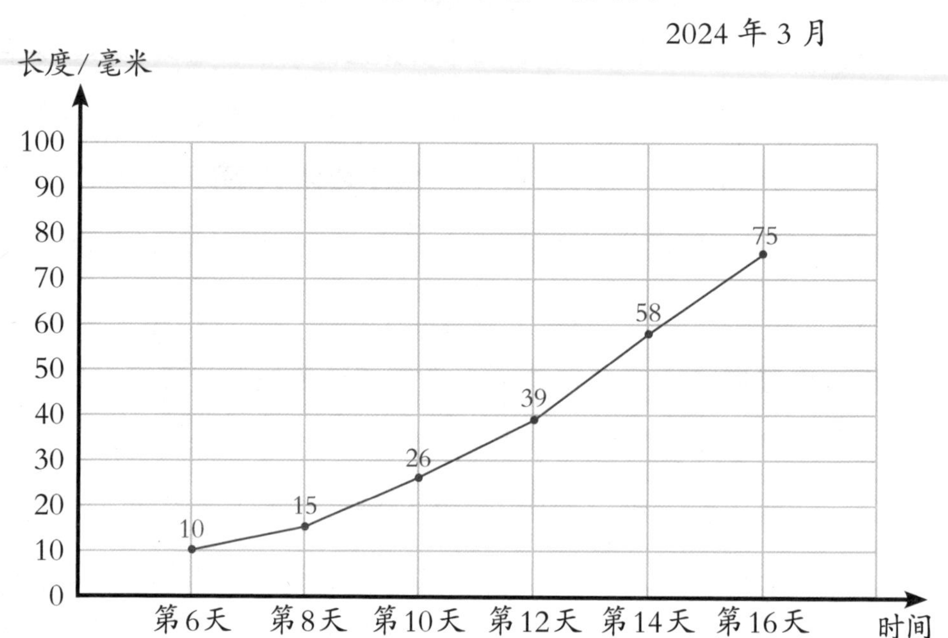
阳光下蒜叶生长情况统计图
2024 年 3 月
长度/毫米
100
90
80
70
60
50
40
30
20
10
0
10
15
26
39
58
75
第 6 天
第 8 天
第 10 天
第 12 天
第 14 天
第 16 天
时间

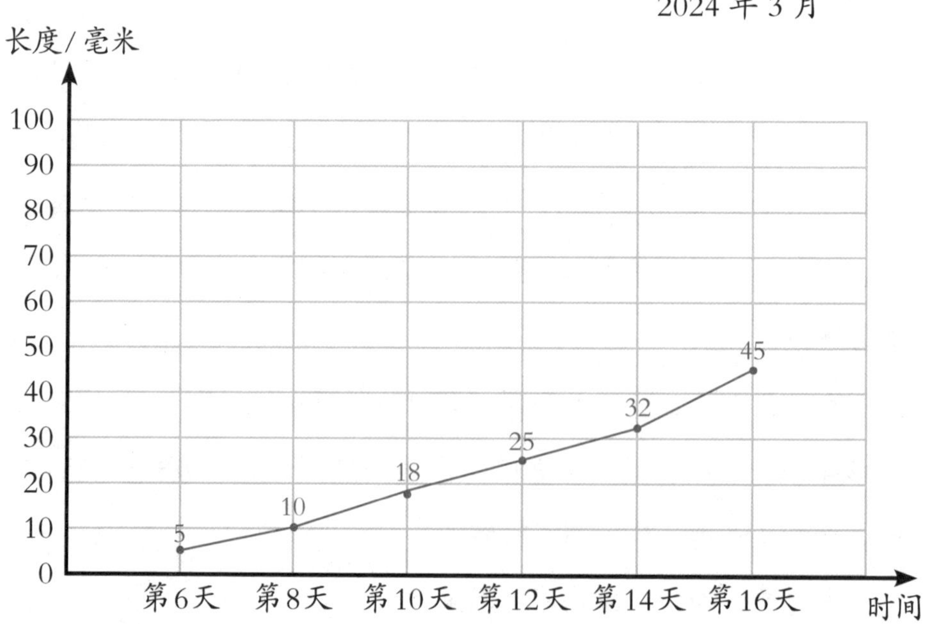
草屋里蒜叶生长情况统计图
2024 年 3 月
长度/毫米
100
90
80
70
60
50
40
30
20
10
0
5
10
18
25
32
45
第 6 天
第 8 天
第 10 天
第 12 天
第 14 天
第 16 天
时间

他自信满满地跑向宫殿，谁知刚到门口，就看见了蓝藻侍卫的身影。

谷雨吓了一跳，马上躲到门后，小声嘀咕：“奇怪，那些蓝藻侍卫为什么还没消失？难道我的统计图有问题？”

正当谷雨急得抓耳挠腮的时候，折线形钥匙开口说话了：“小主人，这两幅折线统计图的力量还不足以破除黑面包国国王的黑魔法。”

“为什么呀？”谷雨越来越迷糊。

“你看，阳光下和草屋里的蒜叶生长情况是不一样的，要把它们放在一起**进行比较**，而且不能做成两幅折线统计图，得合成一幅才行。”折线形钥匙说。

“可是这是两组数据，怎么**合成一幅统计图**呢？难道要把它们重叠起来看？”谷雨有些摸不着头脑。

第一幅出现在报纸上的折线统计图

1849年美国暴发了霍乱，《纽约每日论坛报》作为当时纽约最有影响力的报纸之一，为读者献上了一幅折线统计图，来说明霍乱在纽约造成的死亡病例数变化。这幅折线统计图给读者带来如同时间轴一般的连续性视觉效果，强调霍乱的高致死率和惊人的致死速度，警醒人们要高度重视和预防霍乱。

折线形钥匙听了，不可思议地咧了咧嘴："重叠起来看？不不不，别急，我来告诉你怎么做。当需要对两组数据进行比较时，就要召唤出我的孪生兄弟**'复式折线统计图'**啦。它和我的制作方法基本相同，关键的不同点就在于需要把两组数据放进同一幅图里，并用两种不同形式或颜色的折线区分开来。"

谷雨豁然开朗，赶忙又画出一幅统计图，将阳光下蒜叶生长情况的折线和草屋里蒜叶生长情况的折线分别画了进去，并用实线表示阳光下蒜叶生长情况，用虚线表示草屋里蒜叶生长情况。

大功告成后，谷雨不由得惊叹："同一天内不同环境下蒜叶生长的长度差别一下子就可以看出来了，这'复式折线统计图'可真厉害！"

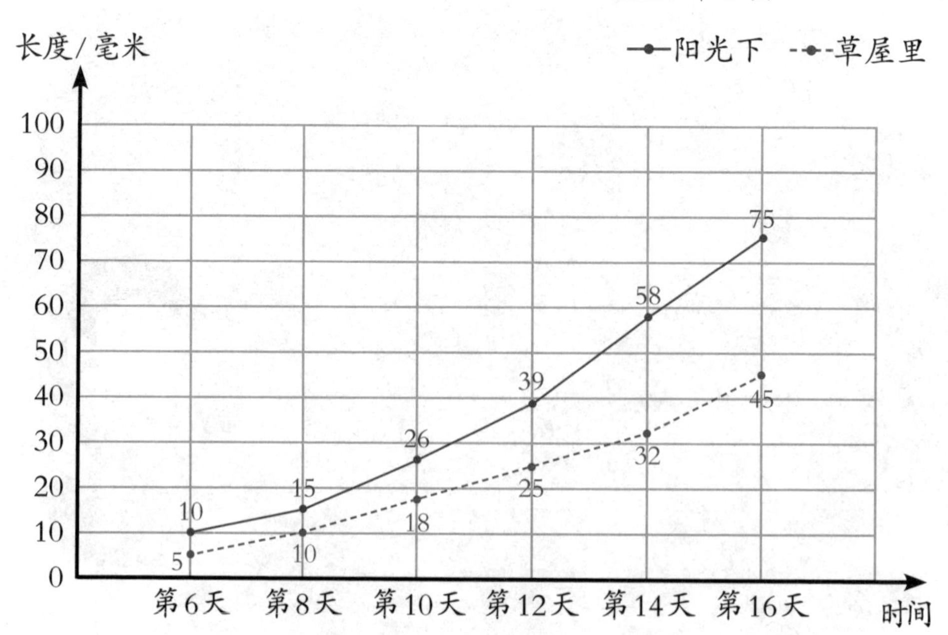

“通过复式折线统计图我们可以很直观地知道，在**同样的时间**里，阳光下蒜叶生长的长度比草屋里蒜叶生长的长度**多出很多**，但是它们的生长变化**都是呈上升趋势**，只是一个**比较快**，一个**比较缓慢**。”折线形钥匙补充道。

在复式折线统计图完成的同时，原本灰暗的天空变得湛蓝，附近枯黄的树林瞬间换上了新绿，湖面在阳光的照耀下泛起了层层鱼鳞似的金色波纹。那些蓝藻侍卫在阳光射出的瞬间，一个个都消失了。黑面包国国王用黑魔法布下的屏障也随之消失。魔法小精灵和香蒜大王重新获得了自由。

恢复了往日神采的香蒜大王，带着他的香蒜子民们向谷雨走去。魔法小精灵一直在担心着谷雨，她走在队伍最前面，一看见谷雨的身影就激动地飞扑过去。

“谢谢你，我们的大英雄！感谢你用勇敢和智慧破除了黑面包国国王的黑魔法，让我们恢复了祥和安宁！”香蒜大王感激地说。

谷雨被夸得脸颊红红的，低头望着自己的脚尖，磕磕巴巴地说：“其实没、没什么，我很乐意为你们效劳。”

这时魔法小精灵拉拉谷雨的衣角说：“走啦，谷雨。我们得继续前进了。”

数学小博士

谷雨在魔法小精灵和折线形钥匙的帮助下，利用折线统计图破除了黑面包国国王的黑魔法，救出了香蒜大王。在这一层中，他们学习到了不少关于折线统计图的知识。

折线统计图分为单式折线统计图和复式折线统计图。

它们的相同点是：

第一，它们都可以表示数量的多少和数量的增减变化情况。

第二，它们都是根据折线的陡和平的程度来判断数据的变化趋势。

它们的不同点是：单式折线统计图只能表现一组数据的变化情况，复式折线统计图不仅能同时表现两组数据的变化情况，而且便于对两组数据进行比较。

关于绘制折线统计图，我们要先根据需要统计的内容画出横轴和纵轴，在它们末端写上各自的单位，并标出刻度，再根据实际的数据描点，连线，标数据，标明图例和制图日期。如果是复式折线统计图，要用不同形式或颜色的线分别表示两种数据。

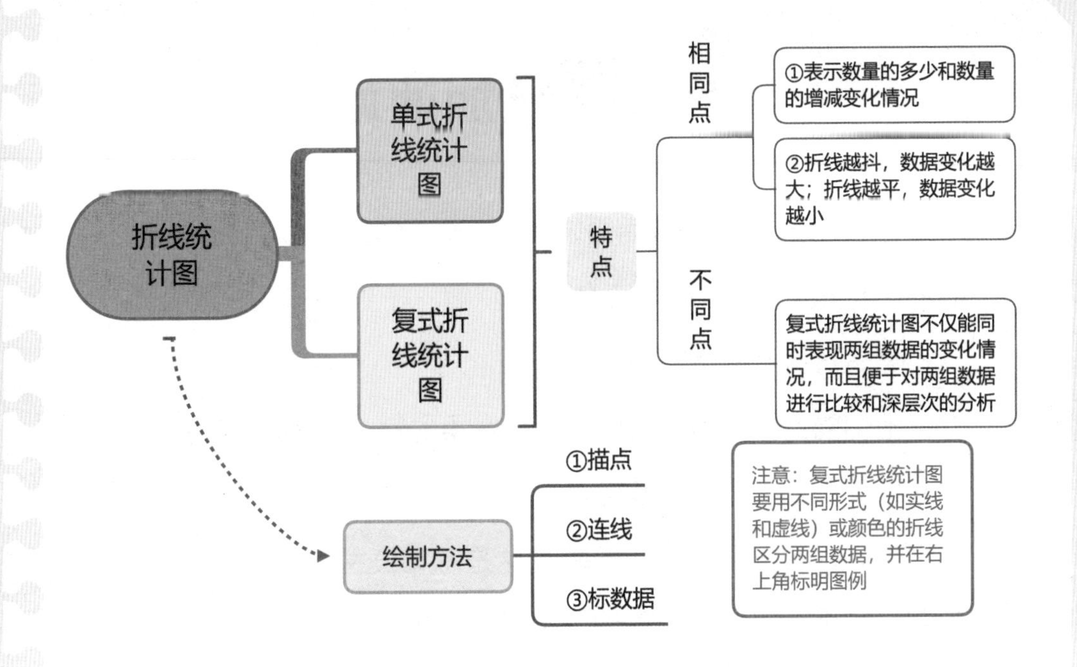

你学会画折线统计图了吗？其实统计图和我们的生活是紧密相联的，生活中的很多数据信息，都可以做成统计图进行分析，而且相同的数据从不同的角度进行分析，往往会有不同的发现。

让我们一起感受分析数据的乐趣吧！

在香蒜大王的宫殿后面，有一个能够提升体力的游泳池，名叫“勇敢池”。香蒜大王的儿子蒜瓣王子邀请谷雨去那儿游泳，算是对勇士的奖赏。

他们刚到勇敢池，就听见一个温柔的声音：“欢迎来到勇敢池，谷雨勇士！”谷雨循着声音望去，一位温婉的姑娘正向他们走来。蒜瓣王子急忙介绍说：“这是蒜花公主。她是我们这里的制图高手，以前的镇殿统计图就出自她的手。”互相认识后，王子和谷雨都跳进勇敢池，来来回回游着，畅快极了。

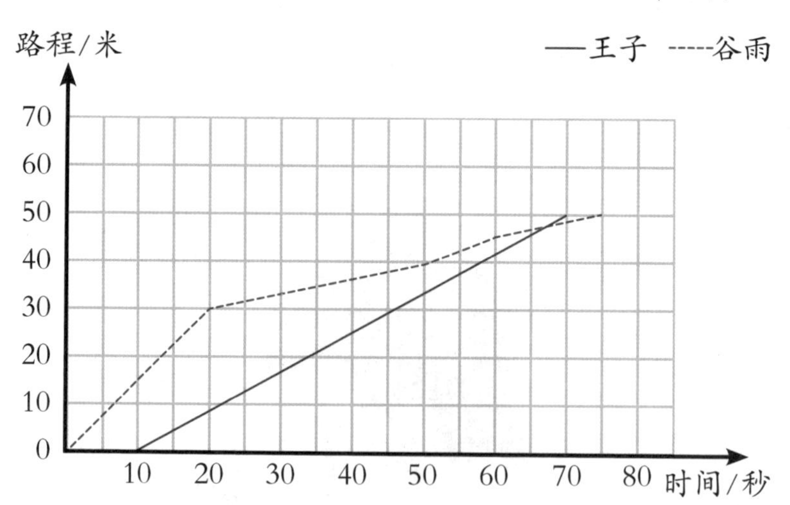

蒜花公主在一旁也没闲着，她在短时间内就根据两人的游

泳数据制作出了一幅单程的复式折线统计图。她浅浅一笑，问身旁的侍卫:“你看看这幅统计图，能知道是谁先出发，谁先到达终点的吗?”

侍卫被问得一脸蒙，不知道怎么回答。蒜花公主又说:“我再考考你。你知道谷雨游到多少米的时候速度开始慢下来了吗?而在此之前，他平均每秒能游多少米呢?”侍卫的脸变得像熟透了的苹果，摇了摇头，完全答不上来。

你能帮帮他吗?

美丽的蒜花公主用虚线表示谷雨游泳的变化情况，用实线表示王子游泳的变化情况。统计图中横轴上表示的是时间，纵轴上表示的是游泳的路程。比时间要看横轴，从横轴上可以看出谷雨比蒜瓣王子提前出发了10秒，但蒜瓣王子比谷雨提前5秒达到50米的位置。

分析谷雨一个人的情况的话，只看虚线就行。从图中，我们可以看出谷雨从出发到20秒的时候，他的游泳变化情况的折线最陡峭，速度是比较快的，此时他游了30米，之后速度就开始慢下来了。根据速度=路程÷时间，30÷20=1.5（米），可以求出此前他平均每秒游1.5米。

第二章

神奇的天平船

——等式的性质

魔法小精灵和谷雨成功解救了智慧塔第一层的香蒜国王后，一刻也不敢耽误，立刻赶往第二层。

第二层有一个碧绿的大湖叫雷碧湖，湖中有很多个小岛，其中最偏僻的是星星岛。

“我的腿好软，在这里走路怎么感觉像失去了平衡一样？”一到第二层谷雨就有种奇怪的感觉。

魔法小精灵也不知道发生了什么事，满脸疑惑。

就在这时，从远处走来两个小矮人。魔法小精灵侧头对谷雨说：“他们是第二层的住民。”说着她挥舞双手喊道：“你们好呀！”

小矮人们听到喊声后，警惕地伸着脖子望过去。看到是老朋友魔法小精灵，他们才放下戒心快步走来，气喘吁吁地说：“黑面包国国王夺走了我们控制平衡的权杖，把我们的妙妙公主软禁在星星岛上。没有了平衡权杖的护佑，整个第二层空间都失去了平衡。我们的船一开就会翻，无法平稳地驶到星星岛解救妙妙公主，夺回权杖。你快帮帮我们吧！”

“船会翻？”谷雨的眉头皱了起来，这可是很严重的事啊！

“这位是……？”一个小矮人疑惑地问魔法小精灵。

魔法小精灵连忙介绍："这是我专程请来的护塔神卫——谷雨。他是来帮助我们一起对付黑面包国国王的。"

"你好！"小矮人们恭敬地向谷雨鞠了个躬，"我们先带你们去雷碧湖边。"

雷碧湖是一个闪着碧绿色光泽的美丽湖泊。微风吹过，湖面荡漾着层层涟漪，几条小船歪歪扭扭地在岸边漂着。从表面上看好像并没有任何异常。

谷雨跳上小船的一头，结果小船一下子东倒西歪起来，眼看就要翻了。魔法小精灵见状赶忙站到船的另一端，小船才晃得不那么厉害了，但还是不能保持平衡。

看到这个情况，谷雨突然想起大张老师曾经提起过的天平。**天平是用来称量物体质量的仪器，当天平左右两边质量相等时，天平就会保持平衡，它的指针则指向正中间。**

想到这里，谷雨激动地喊："我想到办法了！"他连忙从船上跳下来，接着说，"我们现在得造一艘像天平一样的船，才能划到星星岛去救人。天平船可以帮助我们保持平衡，不会翻船。"

"我知道天平。我可以用魔法变一艘**天平船**出来！"魔法小精灵说完动了动手指，只见一团蓝色的光芒飞向湖面并迅速炸开，待蓝光消失后，一艘天平船便出现在湖面上，"只要站在**船两头**的人**体重相等**，船顶的**指针指向正中**，船就可以一直**保持平衡**。"

"太好了！我们坐上它就可以安全到达星星岛了。我们现在来计算一下体重，我的体重是 40 千克，你们呢？"谷雨兴奋地问。

"我重 20 千克，我兄弟也重 20 千克。"一个小矮人回答。

魔法小精灵还没来得及说出自己的体重，谷雨就激动地说："这就好办了，20 加 20 正好等于 40。只要我站在船的一头，你们两个一起站在另一头，船就能保持平衡了。"

"那我怎么办？"魔法小精灵盯着谷雨问。

"你可以飞啊，不过如果你也想和我们一起乘船，可以站在船的正中央。这样不会影响船的平衡。"

魔法小精灵和两个小矮人对谷雨的安排满意极了。大家按照谷雨说的，站到自己的位置上。船果然平平稳稳的，不再晃动了。谷雨高兴地说："向着星星岛出发吧！"

这时，一个小矮人突然喊道："等一下！我给妙妙公主准备了一些食物，放在岸边了。”

“我去拿。”魔法小精灵飞到岸上，拿着一包食物回到船上，随手扔给了小矮人。突然，谷雨像坐跷跷板一样迅速往半空升，而小矮人们则不断往湖里沉。

“这包食物把船的平衡打破了。快把食物按质量平均分成两份，扔一份给我！”谷雨向对面喊道。

一阵手忙脚乱后，小矮人终于把一份食物扔给了谷雨。天平船又渐渐恢复了平衡。

“这是怎么回事？”小矮人们很疑惑。

看着不明所以的小矮人，谷雨解释道：“**两边必须增加相同质量的东西**，才能使天平船保持平衡。”

话音刚落，谷雨忽然发现天平船的甲板离水面好近，他再三思索后对小矮人们说：“我们必须扔掉一些食物。你们看，现在甲板边沿离湖面太近了，稍微有一点儿风浪船就会进水，有下沉的危险。”小矮人们点点头，立刻拿出一些食物扔到岸上。这时，天平船又向谷雨那边倾斜，谷雨开始下沉。

“你们扔的是多少质量的食物啊？”谷雨问。

“一盒 1000 克的甜甜圈和一盒 500 克的肉松卷。”小矮人们想了想，回答道。

谷雨赶忙扔掉同样质量的点心，天平船很快恢复了平衡。“道理跟刚才一样。**两边必须减少相同质量的东西**，才能使天平船保持平衡。”他解释道。

“你是怎么想到这些的？”其中一个小矮人边划船边问。

“根据**等式的性质**啊。**等式两边同时加上或减去同一个数，左右两边仍然相等。**而天平船不就是现实生活中的等式吗？”谷雨说出自己的想法。

“你真聪明！”小矮人们由衷地赞叹道。

“那我就是等式中的等号喽。”魔法小精灵调皮地笑了起来。

经过一天的辛苦行进，谷雨他们终于到了星星岛。此时，妙妙公主正坐在一棵树下忧郁地望着远方。

“妙妙公主，我们来救你了！”小矮人们嗖的一下跳下天平船，像闪电一样朝妙妙公主跑过去。谷雨和魔法小精灵也跟了上去。

妙妙公主看到小矮人竟然能来到这里，惊讶地问：“你们是怎么来到岛上的？那些船不是无法保持平衡吗？”

“多亏了魔法小精灵和她请来的护塔神卫谷雨。他们用一艘稳稳的天平船把我们送来了。”小矮人们指着魔法小精灵和谷雨说。

“感谢你们！”妙妙公主向魔法小精灵和谷雨行了个礼，她的动作优雅极了。

没人想到竟然有船能正常航行到岛上来，所以这里并没有守卫。两个小矮人把困在岛上的侍卫和侍女都集合起来，让大家准备上船离开。

谷雨指着船说：“这是一艘**天平船**，**船两边的质量**必须**相等**，船顶的**指针指向正中**，船才能**保持平衡**。”

“这个好办。我们这些人里，所有男性的体重一样，所有女性的体重一样，非常好分配。”妙妙公主点点头。

说完妙妙公主和1个侍女登上了天平船的右边，1个侍卫灵活地跳上了船的左边。此时，船顶的指针不偏不倚地指向正中间。接着，1个侍卫又跳上了左边。他刚踩上甲板，妙妙公主和侍女那边的船头就开始急速上升。眼看就要翻船，谷雨立刻让2个侍女登上船的右侧。天平船又恢复了平衡，化险为夷。

“刚才是怎么回事？”惊魂未定的妙妙公主问。

“天平船的**两边必须同时增加相同的质量**，才能保持平衡。所以在左边增加1个侍卫的情况下，必须立刻在右边增加2个侍女。”谷雨解释道。

“我懂了！因为‘1个男性的体重=2个女性的体重’，所以‘2个男性的体重=4个女性的体重’，对吧？”妙妙公主说。

“是的，根据等式的性质，**等式两边同时乘同一个不为0的数，左右两边仍然相等**。你看，等式左边1×2=2，是2个侍卫，所以等式右边的2也应该乘2，得4，就是你和3个侍女。”谷雨耐心地解释，“大家先按照这个规律依次上船，不要上错位置哦！”

当全部人都上船后，大家发现船上非常拥挤，连转身的空间都没有，而且甲板已经临近湖面了，情况非常危险。魔法小精灵连忙又变出一艘天平船。然后她像将军一样指挥起来：“现在请4个侍卫大哥和8个侍女姐姐到第二艘天平船上去。”

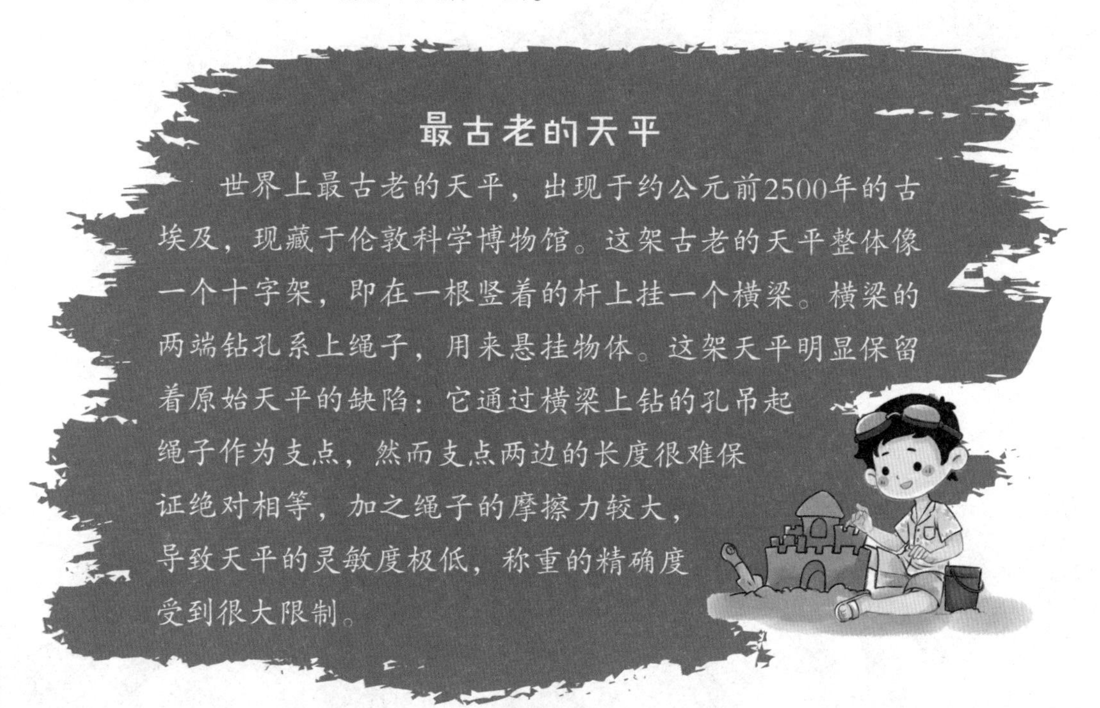

最古老的天平

世界上最古老的天平，出现于约公元前2500年的古埃及，现藏于伦敦科学博物馆。这架古老的天平整体像一个十字架，即在一根竖着的杆上挂一个横梁。横梁的两端钻孔系上绳子，用来悬挂物体。这架天平明显保留着原始天平的缺陷：它通过横梁上钻的孔吊起绳子作为支点，然而支点两边的长度很难保证绝对相等，加之绳子的摩擦力较大，导致天平的灵敏度极低，称重的精确度受到很大限制。

“为什么？”大家一脸疑惑。

“因为根据等式的性质，**等式两边同时除以同一个不为0的数，左右两边仍然相等**。第一艘船上原有8个侍卫在左边，下去4个，就是8÷2=4，那么右边的16个侍女也要除以2，即16÷2=8，也就是得有8个侍女下去。这样两艘天平船才能保持平衡，安全离开这里。”谷雨解释道。

“全听你的！”现在大家对谷雨深信不疑了。

就这样，谷雨救出了被囚禁在星星岛上的所有人。他和魔法小精灵又帮助妙妙公主夺回了平衡权杖，使智慧塔第二层也恢复了正常。

谷雨和魔法小精灵忍不住拥抱了一下。齐心协力，团结协作，没有他们解不开的难题！

数学小博士

勇敢的谷雨利用天平船救出了智慧塔第二层的妙妙公主。为了防止黑面包国国王再次来袭，谷雨决定将保持平衡的奥秘传授给妙妙公主的子民，以备不时之需。

天平船能保持平衡，说明它两边所承载物体的质量相等。而当天平船左右两边所承载物体的质量发生相同的变化时，天平船仍然能保持平衡。借助天平船保持平衡的原理，我们可以了解等式的两个性质。

等式的性质一：等式两边同时加上或减去同一个数，左右两边仍然相等。

等式的性质二：等式两边同时乘同一个不为 0 的数，或同时除以同一个不为 0 的数，左右两边仍然相等。

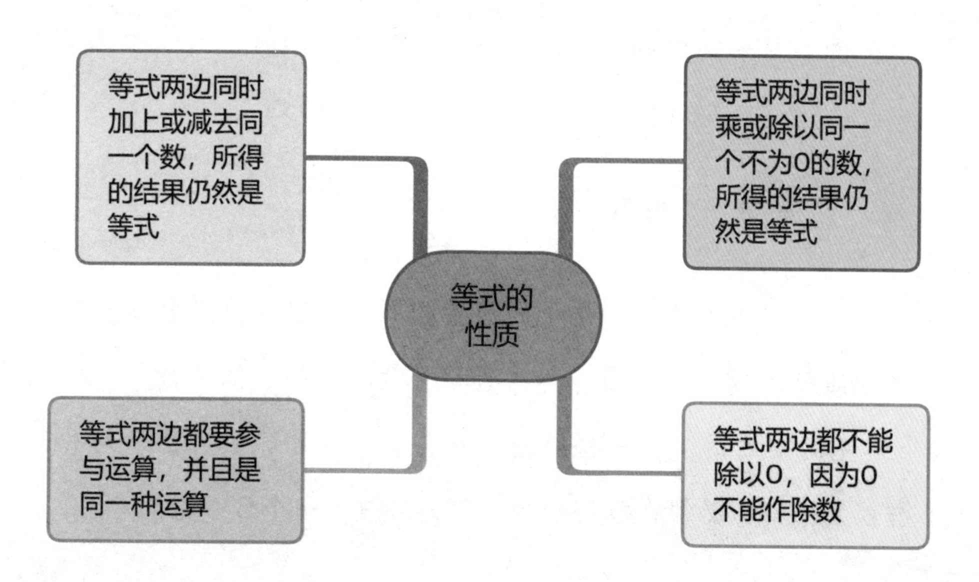

谷雨解救出被囚禁在星星岛的众人后，问领头的小矮人：“刚刚我已经告诉过你等式的性质了，你会实际应用它吗？”

小矮人立刻回答：“那当然！”

看小矮人回答得这么快，谷雨笑着说：“那我来考考你。”

谷雨带着小矮人来到水果市场，找到了一位使用天平秤的卖家。他在秤的左右两边分别放上了同样质量的苹果和橘子，然后转头又拿了一个336克的梨放在了秤的左侧（放苹果的那一侧），问小矮人：“如果不减少秤上的水果，怎样才能使秤恢复平衡呢？如果苹果拿走一半，怎样拿橘子才能让秤依然保持平衡？”

小矮人一下子就说出了答案。

你知道要怎么做吗？

天平秤两侧苹果和橘子的质量相同，可以用等式表示：苹果的质量=橘子的质量。当在天平秤放苹果的一侧再放上一个336克的梨的话，天平秤的指针就会偏向苹果那侧。要想天平秤恢复平衡，必须在放橘子的一侧同样放上一个336克的水果，即：苹果 +336= 橘子 +336。这是根据等式的性质来做的，等式两边同时加上 336，左右两边仍然相等。

天平秤两侧苹果和橘子的质量相同，可以用等式表示：苹果的质量 = 橘子的质量。如果拿走苹果的一半，橘子也要拿走一半，也就是：苹果的质量 ÷2= 橘子的质量 ÷2。这也是根据等式的性质来做的，等式两边同时除以同一个不为 0 的数，左右两边仍然相等。

你答对了吗？

第三章

智游人鱼王国

——因数和倍数

谷雨和魔法小精灵刚踏进智慧塔第三层，便发现到处白雪皑皑，冷飕飕的空气毫不留情地钻进他们的鼻子。

魔法小精灵四下张望，发现海面上结了厚厚的冰，几个人鱼在海边匍匐着缓慢地挪动。在魔法小精灵的记忆中，每次她来第三层玩时，人鱼们总是兴高采烈地迎接她。可是这次人鱼们的状态明显不一样。魔法小精灵连忙跑过去问："你们怎么了？这里发生什么事了？"

见是魔法小精灵，人鱼们的眉头稍微舒展了点儿。其中一个人鱼回答："黑面包国国王把茉莉公主软禁在海底宫殿，还把茉莉公主滴在我们背部的珍贵宝物——智慧眼泪，连同我们的部分记忆一起封印了，所以这里变得天寒地冻。魔法小精灵，你可以帮助我们恢复记忆，解除封印吗？这样海面的冰才会融化，我们才能进入海底宫殿救出茉莉公主。"

"别急，我们一定帮忙。"魔法小精灵指着身边的谷雨向人鱼们介绍，"这是谷雨，我请来的护塔神卫。我们会一起想办法的。"

听了魔法小精灵的话，人鱼们的心中重新燃起了希望。

谷雨仔细观察着人鱼背上的泪滴状的痕迹，若有所思地说："第一个人鱼后背共有 36 滴智慧眼泪，共 9 行，每行 4 滴；第二个人鱼的后背也有36滴智慧眼泪，共6行，每行6滴；第三个人鱼的36滴智慧眼泪分为3行，每行12滴……”数着数着，谷雨突然发现了线索，“咦，这不就是**除法算式**吗？36÷9=4，36÷6=6，36÷3=12，也就是**‘被除数÷除数=商’**。这就是智慧眼泪暗藏的奥秘吗？”谷雨边说边拿了根树枝在雪地上写。

“这个式子我们记得，应该还有其他的。”人鱼们困惑地摇摇头。

“还有其他的？”谷雨被难住了，和人鱼们一起在刺骨的寒风中瑟瑟发抖。

这时，魔法小精灵圆溜溜的眼睛骨碌一转，说：“**因数和倍数**啊！谷雨你忘了吗？”

谷雨茅塞顿开，继续对人鱼们说："雪地上的这三个算式中，**被除数、除数和商都是非0的自然数，且没有余数**。那么，在36÷9=4中，4和9都可以说是36的因数，36是4的倍数，也是9的倍数。这个你们明白吗？"

"按你所说的，在36÷3=12中，除数3和商12就是因数，被除数36是倍数，对吧？"人鱼们瞪着眼看着谷雨。

"不对，因数和倍数是**相互依存**的，谁也离不开谁，我们不能单独说某个数是因数或是倍数。我们得说**谁是谁的因数，谁是谁的倍数**。在刚刚的36÷3=12中，只能说3和12是36的因数，36是3和12的倍数。"谷雨解释道。

"那就是说在36÷6=6中，6是36的因数，36是6的倍数。对于这个式子而言，因数只有一个，是吧？"人鱼们这次信心满满了。

"对！"谷雨点头，"另外，**乘法算式**中也可以找出**因数和倍数**。比如在4×9＝36中，乘数4和9都是36的因数，36是4和9的倍数。"

"啊，想起来了，奥秘中确实包含因数和倍数！"人鱼们的话刚一出口，雪立刻停了。可是海面的冰却依然没有融化，看来问题还没有完全解决。

"接下来该怎么办呢？"谷雨皱着眉头。

"可能还得从因数和倍数上寻找突破口，"魔法小精灵灵机一动，"帮他们记起找一个数的因数和倍数的方法，以及一个数的因数和倍数的特征。或许这样就能将海面的冰彻底融化。"

"有道理。这个难不倒我。既然因数、倍数和除法算式有关，那我们先根据'被除数÷除数＝商'，引出'被除数＝除数×商'这个乘法算式，再利用**列举法，从最小的 1 开始**，找出两个数相乘等于 36 的算式就可以了。”说着谷雨便在雪地上写起来。

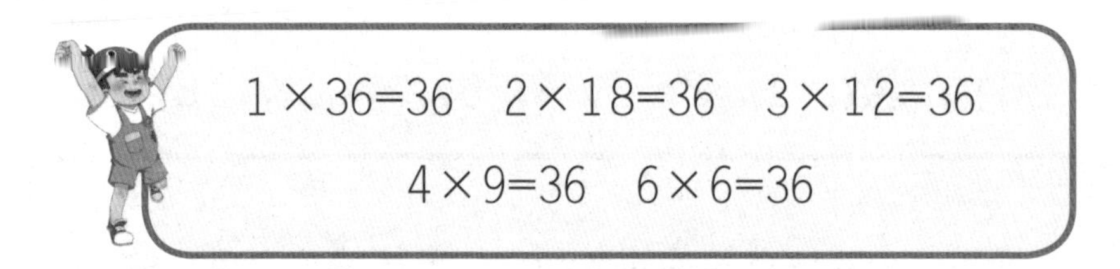

“看到我写的这些算式了吗？从 1 开始，1×36 = 36，2×18 = 36，3×12 = 36，4×9 = 36，5 乘任何数都不等于 36，6×6 = 36，7 和 8 乘任何数都不等于 36，接下来是思考 9 乘几是 36，而 9 在 4×9 = 36 里面已经出现过了。所以这五组，‘1 和 36’‘2 和 18’‘3 和 12’‘4 和 9’‘6 和 6’都是 36 的因数，共 9 个。”谷雨指着雪地说。

“这个方法很妙。从自然数 1 开始，一组一组地找，当出现重复因数时，表示已经找完了，不需要再往下找了。这样就能避免重复和遗漏问题。谷雨你真聪明！”魔法小精灵夸赞道。

“我们也可以直接从除法算式中找出因数和倍数。”谷雨补充说，“你们看，36÷9=4，4 和 9 是 36 的因数，36 是 4 和 9 的倍数。所以我们也可以**按照除法算式依次从最小除数开始列举**。”说着谷雨又写起来。

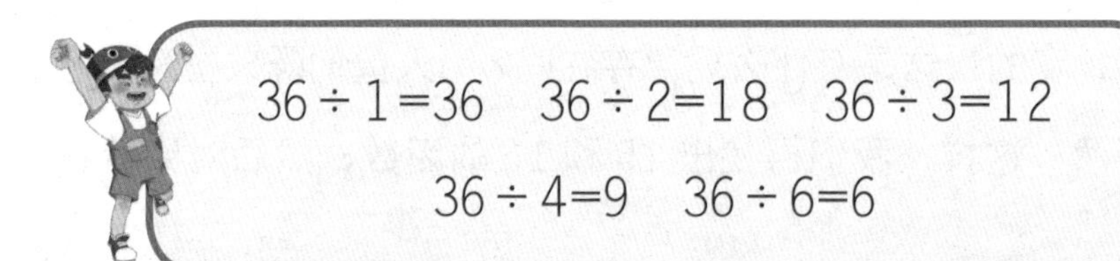

“看这些除法算式，每个算式中的除数和商都是 36 的因数。我们可以这样记录下来。”说完谷雨认真地在雪地上写下了一串数字。

36 的因数：1，2，3，4，6，9，12，18，36

“当最后一个除法算式的除数和商与前面算式有重复的数时，就表明已经找完了。当然我们还需要知道 1 是一个比较特殊的数：从 1 ÷ 1=1 中可以看出 1 只有一个因数就是它自己，所以**1 的最大因数和最小因数就是 1 本身**。”

“谷雨，你真棒！还有一种**集合记录法**，就让我大显身手吧！”魔法小精灵抢着在雪地上写了起来。

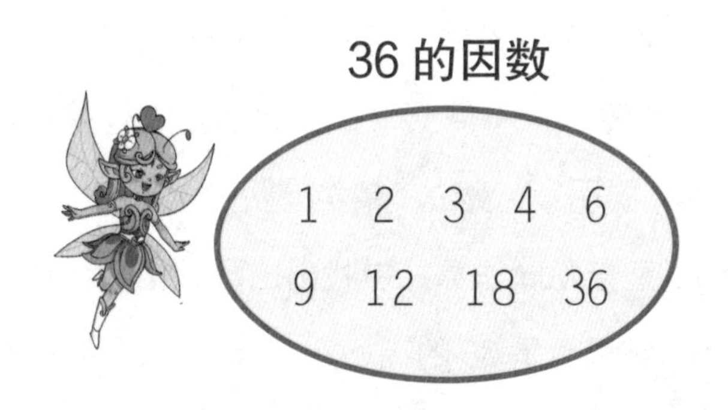

“哈哈，画得不错，圆乎乎的。咱们看看 36 的这些因数，是不是发现 36 的最小因数是 1，最大因数是它本身？”谷雨说。

“啊，真的！这是有什么规律存在吗？”人鱼们既兴奋又疑惑。

“当然！这样，我们再找出 15 和 16 的因数，然后对比着看。”谷雨回答。

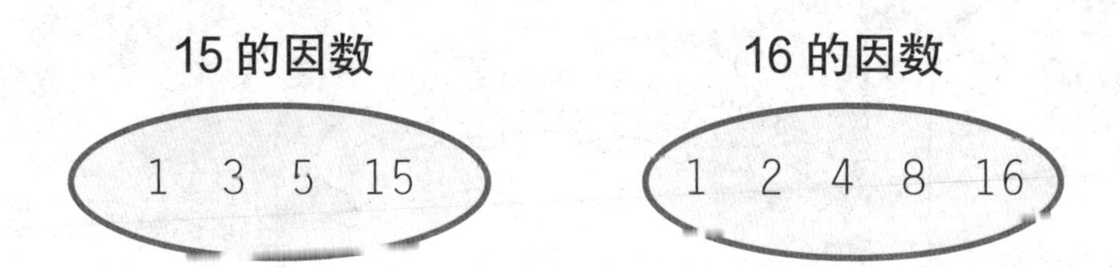

“现在明白了吧，**一个数的最小因数是 1，最大因数是它本身，而且一个数的因数的个数是有限的。**”谷雨笑着说。

人鱼们重复着谷雨的话，觉得豁然开朗。这时，海面的冰猛然碎裂了一半，大家顿时信心倍增。现在只要再帮人鱼们找出倍数的奥秘，封印就可以完全破解了。

那么，一个数的倍数怎么找呢？谷雨看着眼前的三个人鱼，忽然一个方法闪过他的脑海。他用手调皮地点点三个人鱼的脑袋说：“那么我们就找 3 的倍数吧！ 3×1=3，3×2=6，3×3=9，……”

“谷雨，3 与不是 0 的自然数相乘所得的积都是 3 的倍数，而非 0 的自然数有无数个，所以 3 的倍数的个数是无限的。你写到天荒地老也写不完啊。”魔法小精灵捂着嘴笑弯了腰。

谷雨朝魔法小精灵调皮地做了个鬼脸，说：“逗你们玩的，我会用省略号代替。”说着，他便写下了两种表示方法。

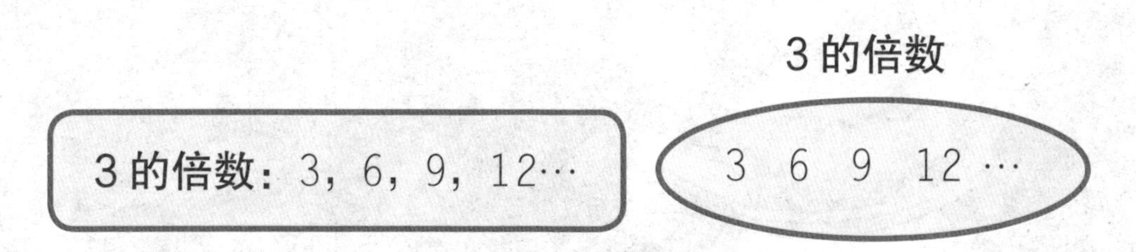

“你们发现什么了吗？”谷雨神秘地问人鱼们。

其中一个人鱼一拍脑门儿说：“我知道了，**一个数的倍数的个数是无限的，并且一个数的最小倍数是它本身，没有最大的倍数。**”

“完全正确！”谷雨连连拍手。

“哗啦”！海面的冰全部碎掉了。顿时白浪翻滚，如千万匹骏马齐头并进，大海恢复了磅礴的气势。

魔法小精灵用魔法带着谷雨和人鱼们赶往海底宫殿，却被一群虾兵蟹将堵在了大门外。

“你们不在自己的岗位各司其职，都挤在这里干吗？”谷雨感到很奇怪。

一个虾兵无奈地说：“黑面包国国王给我们施了迷魂术，我们找不到自己的岗位了！”

谷雨仔细观察这一群找不着北的虾兵蟹将，发现他们的铠甲有些是蓝色的，有些是红色的，并且每个铠甲上都有一个数字。他转头对魔法小精灵说：“把你的魔法笔和香草纸借我用一下。我得制作一个**‘百数表’**，探探他们铠甲上的数字到底藏着什么秘密。”

谷雨接过魔法小精灵递过来的笔和纸，迅速画好了一个“百数表”。他把**蓝色铠甲**上的数字在表上用**蓝色三角形**做了记号，把**红色铠甲**上的数字在表上用**红色圆圈**做了记号。

1	2	3	4	5	6	7	8	9	10
11	12	13	14	15	16	17	18	19	20
21	22	23	24	25	26	27	28	29	30
31	32	33	34	35	36	37	38	39	40
41	42	43	44	45	46	47	48	49	50
51	52	53	54	55	56	57	58	59	60
61	62	63	64	65	66	67	68	69	70
71	72	73	74	75	76	77	78	79	80
81	82	83	84	85	86	87	88	89	90
91	92	93	94	95	96	97	98	99	100

“你们看，**蓝色三角形**标记出的数字都是**5 的倍数**，这些数的**个位是 5 或 0**；**红色圆圈**标记出的数字全是**2 的倍数**，这些数的**个位是 0，2，4，6，8**；还有最后一列**既有红色圆圈又有蓝色三角形**标记的数字，它们**既是 5 的倍数又是 2 的倍数**，这些数的**个位全是 0**。”谷雨像发现新大陆了一般。

“嗯，还真是！”魔法小精灵连连点头。

“大家听我说，铠甲上的数个位是 5 的排左边，你们守南大门，因为我看见南大门上写着‘五’，应该表示需要铠甲上数是 5 的倍数；铠甲上的数个位是 2，4，6，8 的排右边，你们守北大门，北大门上写着‘二’，应该表示需要铠甲上的数是 2 的倍数；铠甲上的数个位是 0 的排中间，你们应该南北大门都可以守，随时准备替换南大门或北大门值夜班的卫兵。因为末尾是 0 的数既是 5 的倍数也是 2 的倍数。”虾兵蟹将们立刻按照谷雨的安排找到了自己的位置。

安置完虾兵蟹将，谷雨一行人顺利进入了宫殿。主殿门前有几个水池，一群穿着美丽衣裳的人鱼正惴惴不安地在水池边游荡。

“你好！”一条人鱼游过来说，“我们是茉莉公主的侍女。黑面包国国王把我们从茉莉公主居住的主殿赶出来，并施了魔法。要想进入主殿，必须通过面前的这些水池。进对了水池，就可以一路畅通地到达主殿；进错了水池，就会从这个世界消失。”

听到这儿谷雨也慌了。

“谷雨你看，她们背后也有数字。”眼尖的魔法小精灵指着人鱼侍女的后背说。

“这些数字是黑面包国国王用魔法印在我们背后的。我们也不知道它代表什么。”一个人鱼侍女回答。

谷雨揉揉眼睛，读出了这些数字：“3，6，9，12，15……54，81，90……”

难道这些数字也是**谁的倍数**？它们到底有什么关系？

谷雨正冥思苦想着，一个急匆匆跑过的人鱼不小心撞到了他，谷雨放在脚边的书包被踢了一脚，一个计数器掉了出来。

谷雨捡起计数器，正奇怪书包里怎么会有这个东西，猛然间他脑中灵光一现，手里“噼里啪啦”一通拨弄后，抬起头激动地说：“我知道啦！3，6，9，12，15 在计数器上拨出的珠子数，我们一眼就能看出它们都是3 的倍数；54，81，90 在计数器上都要拨出 9 个珠子，它们也都是 3 的倍数。所以我推测，这些数字中的每个数字在计数器上需要拨出的珠子的总个数全是 3 的倍数，而且它们本身应该也都是 3 的倍数。大家等我一下，我挨个儿看看。”

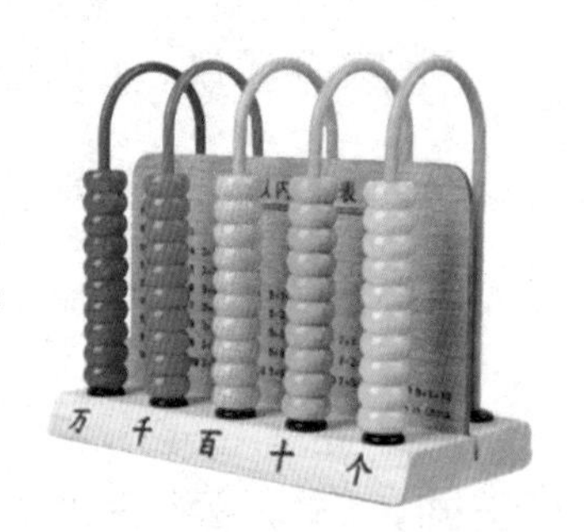

经过一番验证，谷雨大声说：“**一个数各数位上的数的和是 3 的倍数，那么这个数就一定是 3 的倍数。**”

“那与这些水池有什么关系呢？”一个人鱼侍女问。这一问，一下子让谷雨愣住了，他还没想这个问题。

“谷雨，你看，水池里的海藻排成了不一样的数字。这个水池里是 5688，各数位的数相加：5+6+8+8=27，按照你刚说的规律来推断，27 是 3 的倍数，所以 5688 就是 3 的倍数。那个水池里是 5788，各数位的数相加：5+7+8+8=28，28 不是 3 的倍数，所以 5788 就不是 3 的倍数。”魔法小精灵指着水池分析着。

“对，你说的没错！”谷雨应声道。

“所以我推断，这些水池应该是被黑面包国国王分成了两大类：一类是海藻排成的数字是 3 的倍数，另一类是海藻排成的数字不是 3 的倍数。”魔法小精灵继续分析。

“人鱼姐姐们背后的数字都是 3 的倍数，所以她们应该跳进数字是 3 的倍数的水池。”谷雨说。

“嗯，应该错不了！”魔法小精灵表示赞同。

于是，谷雨扬起他的大嗓门儿喊道：“人鱼姐姐们，你们看各自面前的水池，海藻排成的数是 3 的倍数的就可以跳。**判断的方法是：**

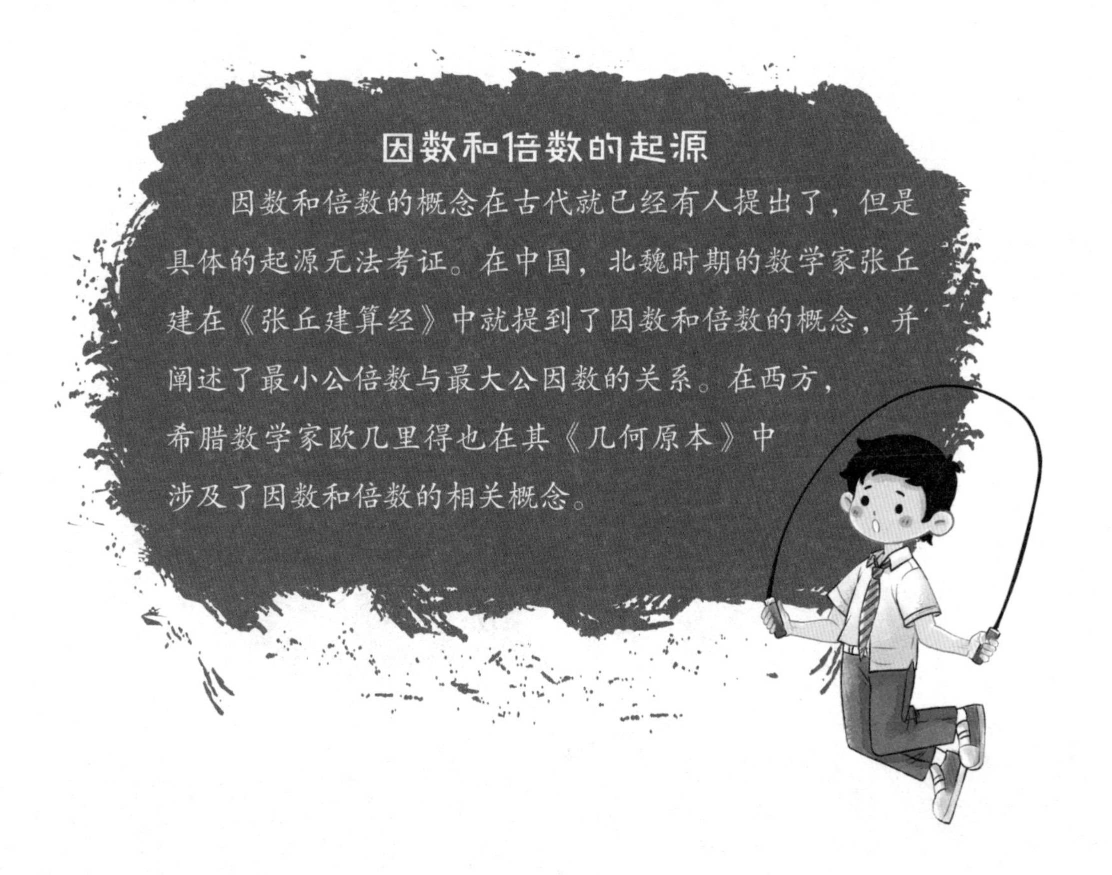

因数和倍数的起源

因数和倍数的概念在古代就已经有人提出了，但是具体的起源无法考证。在中国，北魏时期的数学家张丘建在《张丘建算经》中就提到了因数和倍数的概念，并阐述了最小公倍数与最大公因数的关系。在西方，希腊数学家欧几里得也在其《几何原本》中涉及了因数和倍数的相关概念。

把这个数各个数位上的数相加，得出的和是 3 的倍数，这个数就一定是 3 的倍数。那么这个水池就可以跳入。”

人鱼侍女们纷纷按这个方法跳进水池中。没一会儿，主殿的大门开了，茉莉公主从里面游了出来。

茉莉公主对谷雨和魔法小精灵说：“感谢你们，我亲爱的朋友！是你们用勇敢和智慧拯救了我和我的子民，你们是真正的小勇士！”

谷雨和魔法小精灵感到十分开心。短暂的停留之后，他们告别了人鱼们，继续踏上了拯救之旅。

数学小博士

谷雨利用因数和倍数的知识，解开了智慧眼泪之谜，成功破除黑面包国国王设下的封印，解救出被软禁在海底宫殿的茉莉公主。

在整数除法中，如果商是整数且没有余数，我们就说除数是被除数的因数，被除数是除数的倍数。但要注意，因数和倍数是相互依存的，不能直接说除数是因数，被除数是倍数。一个数最小的因数是 1，最大的因数是它本身，因数的个数是有限的；一个数最小的倍数是它本身，没有最大的倍数，倍数的个数是无限的。在找因数和倍数时，要有序思考，做到不重复、不遗漏。

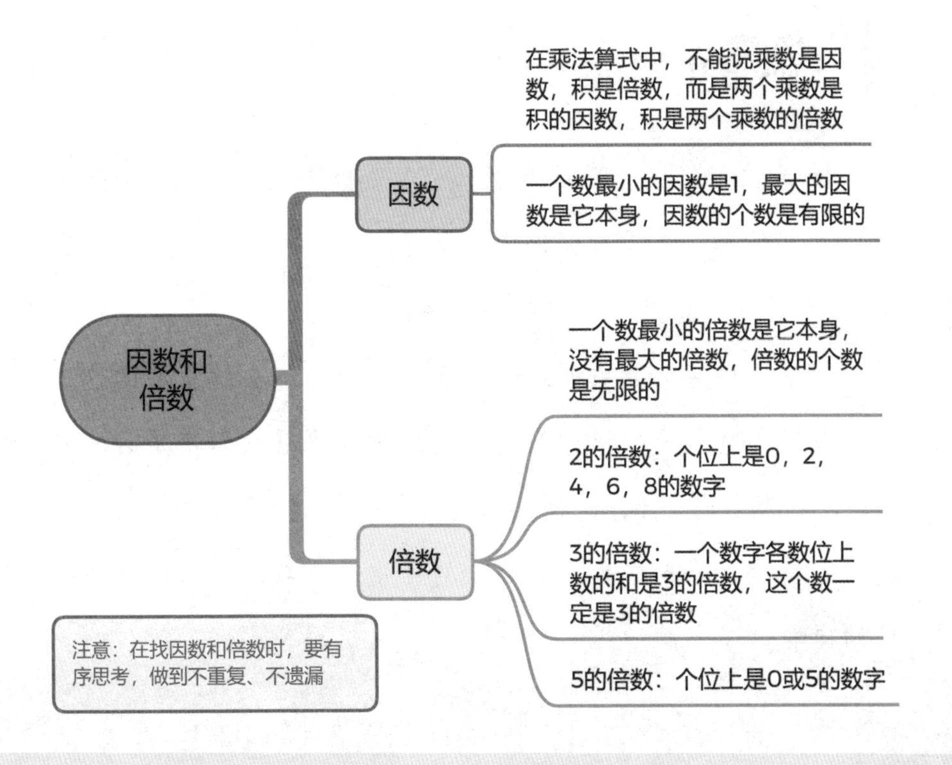

有一个人鱼侍女的背上是一个三位数。但她动作缓慢，还没来得及跳进正确的池子，黑面包国国王就用魔法去掉了她背上的个位数字。

只有帮她把背后的数字补全，她才能跳入正确的池子里。现在她背后的三位数是52□。你能帮她把个位数补出来吗？

如果茉莉公主要派这个人鱼侍女去西边的偶数门站岗，那么她背后的这个三位数必须既是3的倍数也是2的倍数，这时□里又可能是哪些数字呢？

如果人鱼侍女背后的这个三位数是3的倍数，那么5+2+□的和一定是3的倍数，所以□里的数字可能是2，5，8。人鱼侍女选择其中任何一个数字都可以。

如果人鱼侍女要去西边的偶数门站岗，那么她背后的这个三位数需要既是2的倍数又是3的倍数。可以先确定是3的倍数，个位只能是2,5,8，而如果是2的倍数，个位只能是2或8。所以人鱼侍女只要选择2或8中的任意一个数，就都可以去西门站岗啦。

第四章 04

巧解众门密码

——质数和合数

离开茉莉公主的海底宫殿，谷雨和小精灵踏上了去往智慧塔第四层的路。这一路景致迷人，树木一圈又一圈地环绕着，好像给山织了一顶绿色的帷帐。帷帐里，一条如银龙般的瀑布直冲而下。放眼望去，青色的群山连绵起伏，小溪如绸缎般在山间缓缓地流淌。

谷雨和魔法小精灵在密林里走着，脚下渐渐弥漫起白雾，眼前的景物越来越模糊。不一会儿，谷雨和魔法小精灵就迷路了。他们心里有点儿发慌。

就在这时，一个阴森恐怖的声音响起："哼！魔法小精灵，你和你的护塔神卫一直破坏我的计划，我今天就要用这大雾把你们困在这里，让你们永远也出不去！"

"这是黑面包国国王的声音！"魔法小精灵立刻戒备起来。这声音在林间久久回荡，让人不寒而栗。谷雨不禁打了个哆嗦。

谷雨和魔法小精灵在迷雾中走了好久，最后走到筋疲力尽，瘫坐在地上。就在两人感到沮丧时，他们突然发现远处有一大团泛着淡淡红色的雾气。"谷雨，我记得智慧塔第四层的大门是红色的，那里应该就是大门。我们快过去看看！"魔法小精灵指着红色雾气激动地说。

谷雨和魔法小精灵使出全身最后一点儿力气走过去，结果没有让他们失望，那里果然就是第四层的大门。

看到一群小动物焦急地在门口踱来踱去，魔法小精灵好奇地问：“你们为什么这么着急？发生什么事了？”

猴子大哥认出了魔法小精灵，激动地说：“魔法小精灵，是你啊！我们想回家，可是大门被黑面包国国王安了密码锁，我们试了好多遍也解不开。这些食物如果再运不进去，里面的人都会饿坏的！”魔法小精灵走过去一看，红色的大门有左右两扇，每个门扇上各有**六个数字按键**，分别是：2，3，5，6，8，9。魔法小精灵发现这些数字中有奇数和偶数，就在左门扇上按下偶数键 2，6，8，在右门扇上按下奇数键 3，5，9。可是门没有任何反应。

“按反了？”魔法小精灵挠挠头，又在左门扇上按下 3，5，9，在右门扇上按下 2，6，8，门还是没有动静。“难道不是按奇数和偶数分的吗？”魔法小精灵显得有些沮丧。

谷雨见状安慰她说：“没关系，**数学就是需要不断地去尝试**，一次不行，我们就多试几次。”说完，谷雨托着下巴，眉头紧皱，在脑袋里努力搜索着大张老师给他们上数学课的画面。而众多的数学知识点此时也像电影片尾的字幕一样，在他脑海里一一闪现。

就在**“质数和合数”**闪过时，谷雨脑中灵光一现，对大家说：“我想到了！魔法小精灵，借我魔法笔和香草纸一用。”

“好嘞！”魔法小精灵立刻变出了纸笔。

“现在这扇大门的左右两个门扇上都有 2，3，5，6，8，9 这六个数，我们先试着列出它们的因数来看看。”谷雨熟练地拿起魔法笔在香草纸上写起来。

大门上的数字	2	3	5	6	8	9
因数	1，2	1，3	1，5	1，2，3，6	1，2，4，8	1，3，9
因数个数	2	2	2	4	4	3

列好表格，谷雨大笔一挥，把表格升到半空，形成了全息影像图。看到这神奇的操作，小动物们都被吸引住了。

“大家仔细看这六个数的因数，它们的个数要么是两个，要么是两个以上。接下来我们按因数的个数给它们分类。”说完，谷雨又列了一个表，然后把它升到半空。

因数个数是两个的	2，3，5
因数个数是两个以上的	6，8，9

“对照这两张表，大家有没有发现2,3,5只有1和它本身两个因数，而6,8,9除了1和它本身外还有别的因数？”谷雨指着两张图问大家。

“对呀！”大家异口同声回答。

“接下来，请大家竖起耳朵听好：像2，3，5这样**只有1和它本身两个因数的数，叫作质数或素数**；像6，8，9这样**除了1和它本身外还有其他因数的数，叫作合数**。**最小的质数是2，最小的合数是4。**现在我们尝试在左边门扇上按质数，在右边门扇上按合数。”谷雨说道。

兔小妹迫不及待地跳过去，在左边按下2，3，5，在右边按下6，8，9。按完以后她发现左侧门扇的把手旁边还有一个按钮，上面写着数字

“1”，便大声喊道：“这里还有一个按钮，要把它按下去吗？”

谷雨看了看，说：“**1的因数只有一个，它既不是质数也不是合数。**这个键放在最中间，我猜它可能是确认键。我试一下。”

谷雨走上前按下中间的数字“1”，一束光从门缝中调皮地蹿了出来。他轻轻一推，大门就开了。

“成功了！谢谢你们，魔法小精灵和——”小动物们还不知道眼前这个少年的名字呢。

魔法小精灵自豪地说：“他是我请来的护塔神卫，名字叫谷雨，是专为拯救智慧塔而来的。”小动物们听了立刻欢呼起来。

大家都热情地欢迎谷雨到自己家做客，可进了大门却惊讶地发现，每户人家的门上都被黑面包国国王施了黑魔法，装上了密码盘。层主泰格和这里的所有人都被锁在了自己的房间里出不来。大家都急得团团转，眼巴巴地望向谷雨和魔法小精灵，希望他们能想想办法。

魔法小精灵仔细看了看门上的密码盘，苦恼地说："每扇门上密码盘的数字都不一样，怎么去一个个解开呢？"

"大家不要慌，给我点儿时间研究一下。"谷雨深吸一口气，让自己冷静下来，又把每个密码盘都观察了一番。他发现密码盘上的数字都是非 0 的自然数，而密码盘的上方有的写着"ZS"，有的写着"HS"。

谷雨心里大概有底了，便对大伙儿说："我们刚刚根据因数的个数将非 0 的自然数分成了质数、合数和 1，从而成功打开了大门。现在

质数的用途

质数可以用来加密，这是因为如果两个很大的质数相乘之后得到一个非常大的合数，想要逆过来把该数分解成两个质数是非常困难的，从而保证了加密的安全性。这种加密法可以在互联网上得到充分的应用，如HTTPS协议中使用的RSA算法，这个算法就是利用质数的性质实现的；银行业广泛使用数字证书来保证交易的安全性，而数字证书中的公钥也是通过质数来生成的。

我发现密码盘的上方有写**‘ZS’**的，也有写**‘HS’**的，我推测它们应该是**‘质数’**和**‘合数’**的拼音缩写。那么我们就试着找出质数和合数吧。”

“谷雨哥哥，要不你先到我家来试一试吧！”兔小妹举着手说。谷雨爽快地答应了。于是，大家都聚到兔小妹家门口。

“你家的密码盘上写着 4，7，10，13，15，29 这六个数。你用刚才的方法先写出它们的因数吧。”谷雨对兔小妹说。

ZS
HS
HS
ZS

兔小妹蹲在地上写起来。

4 的因数：1，2，4	**13 的因数：**1，13
7 的因数：1，7	**15 的因数：**1，3，5，15
10 的因数：1，2，5，10	**29 的因数：**1，29

“写完了，谷雨哥哥！我发现 4，10，15 除了 1 和它本身还有别的因数，所以它们是合数；7，13，29 只有 1 和它本身两个因数，所以它们是质数。”兔小妹跳起来喊道。

“很棒！你看密码盘的上方有质数的拼音缩写‘ZS’，所以你把 7，13，29 按下。如果门打开了，就证明我的推测是对的。”谷雨指着门示意兔小妹去按密码。

兔小妹在密码盘上按下 7，13，29，门果然打开了。看到兔小妹成功打开了家门，大家激动极了，纷纷走到自家门前，按照谷雨说的方法解密码。

“谷雨神卫，你看看我家的密码盘，上方写着合数的拼音缩写‘HS’，那么密码应该是合数。可是 2，4，15，28，42，59 中，合数有四个，但密码只要输入三个，怎么办啊？”长颈鹿爸爸焦急地问道。

谷雨走过去看了看，说：“这里面的合数有 4，15，28，42，偶数有 2，4，28，42，奇数有 15，59，而密码只要三个。那咱们需要捋一捋偶数和合数之间的关系了。我记得，**除数字 2 以外所有的偶数都是合数，但合数不都是偶数。**按这个规律，我猜你这个门的密码应该是既是合数又是偶数的数，就是 4，28，42。”

长颈鹿爸爸按谷雨说的按了这几个数，果然成功打开了家门。

大伙儿见谷雨这么厉害，纷纷请他帮忙。谷雨忙活了一圈，讲得头昏脑涨，于是他拿起魔法笔和香草纸画了张**“百数表”**，用**红心**圈出了所有的**质数**，用**绿圆圈**圈出了所有的**合数**，然后对大家说：“大家看这张表，我已经把100以内所有的质数和合数全部做了不同的记号，大家对照这张表，就可以找到自家的密码了。”

1	2	3	4	5	6	7	8	9	10
11	12	13	14	15	16	17	18	19	20
21	22	23	24	25	26	27	28	29	30
31	32	33	34	35	36	37	38	39	40
41	42	43	44	45	46	47	48	49	50
51	52	53	54	55	56	57	58	59	60
61	62	63	64	65	66	67	68	69	70
71	72	73	74	75	76	77	78	79	80
81	82	83	84	85	86	87	88	89	90
91	92	93	94	95	96	97	98	99	100

“谷雨，你真是太厉害了！”魔法小精灵竖着她那可爱的大拇指夸赞谷雨。

“嗯……我还能帮他们再整合一下，万一哪个小马虎看错数字了，密码就输错了。”说着谷雨又开始列起表来。

100 以内质数表（25 个）	
一位数	2，3，5，7
十几	11，13，17，19
二十几	23，29
三十几	31，37
四十几	41，43，47
五十几	53，59
六十几	61，67
七十几	71，73，79
八十几	83，89
九十几	97

100 以内合数表（73 个）	
一位数	4，6，8，9
十几	10，12，14，15，16，18
二十几	20，21，22，24，25，26，27，28
三十几	30，32，33，34，35，36，38，39
四十几	40，42，44，45，46，48，49
五十几	50，51，52，54，55，56，57，58
六十几	60，62，63，64，65，66，68，69
七十几	70，72，74，75，76，77，78
八十几	80，81，82，84，85，86，87，88
九十几	90，91，92，93，94，95，96，98，99

这真的算是“手把手”的教程了，一目了然。按照谷雨给的几张表，大伙儿很快就解开了自家门上的密码，成功解救了被关在屋里的人。

层主李恪获救后，用新送来的水果办了一个小型的感谢宴，来感谢谷雨和魔法小精灵的帮助。

谷雨和魔法小精灵开心地吃了不少果子，简单休整后，他们继续踏上了通往下一层的路。谷雨攥了攥拳头：“智慧塔第五层，我们来啦！”

数学小博士

谷雨利用质数和合数的判断方法，成功解开各扇门上的密码，让这层的小动物们摆脱了饥饿的折磨。看完谷雨的这次经历，你学会如何分辨一个数是质数还是合数了吗？

判断质数和合数的基本方法：质数和合数是把非 0 的自然数按因数的个数分类的，只有 1 和它本身两个因数的数是质数，除了 1 和它本身还有别的因数的数是合数。

要特别强调的是，1 的因数只有一个，所以 1 既不是质数，也不是合数。而且质数不都是奇数，最小的质数是 2，而合数也有可能是奇数。

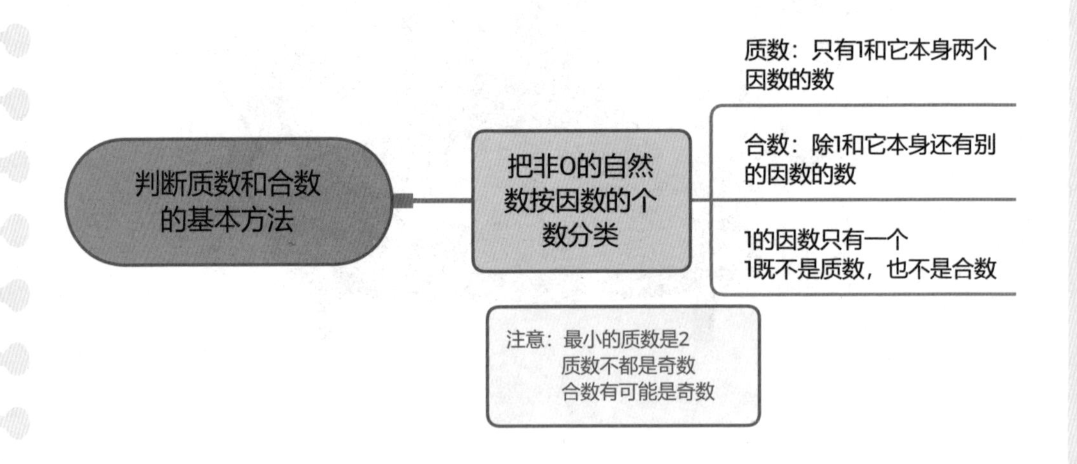

智慧塔第四层的小动物们按照谷雨的方法，解出了所有门上的密码，顺利地摆脱了黑面包国国王的控制。为了表示感谢，小动物们决定给谷雨和魔法小精灵举行热烈的欢送仪式。

他们分为四个小队，每队手里拿着不同颜色的鲜花。可是当他们一起举起鲜花时，才发现四个小队的人数不一样，看起来参差不齐，很不美观。

这时，兔小妹想到一个好办法：把这四个欢送小队再各自分成人数相同的几个小组，排成小方阵举花，这样会更好看一些。而不能分成人数相同的小组的小队则退出鲜花队，改成鼓号队。

你可以帮兔小妹在最短的时间内确定鲜花队是哪些小队，鼓号队是哪些小队吗？大胆说说你的想法。

小队	第一小队	第二小队	第三小队	第四小队
人数	39	41	40	43

首先，我们要确定，这里的分组方法不包含每组 1 人的特

殊情况。

鲜花队的人数必须可以分成人数相等的小组，符合这个条件的基础是小队的人数是合数。所以人数是合数的小队进入鲜花队，人数是质数的小队参加鼓号队。

39的因数有1,3,13,39，所以39是合数；41的因数有1，41，所以41是质数；40的因数有1，2，4，5，8，10，20，40，所以40是合数；43的因数有1，43，所以43是质数。

综上，第一小队和第三小队的人数是合数，可以分成人数相等的几个小组，所以第一小队和第三小队参加鲜花队；第二小队和第四小队的人数是质数，不能分成人数相等的几个小组，所以第二小队和第四小队转为鼓号队。

第五章 05

恢复绮丽花钟

——公因数和最大公因数

谷雨和魔法小精灵继续前行。到达智慧塔第五层时，他们闻到空气中弥漫着令人愉悦的花香。循着芬芳，他们来到了一座美丽的圆形花坛前。这座花坛就像一个花的海洋，可爱的牵牛花吹起了小喇叭，美丽的野蔷薇展示着自己漂亮的裙子，雍容的万寿菊也不甘落后地怒放……

“花真美啊！”魔法小精灵陶醉其中，“这是第五层的花境。这个花坛里有各种各样的花，组成了‘花钟’，也就是每小时都会有一种花按自己的开花时间单独开放……”

“嗯？单独开放？”魔法小精灵的话还没说完，谷雨就觉出不对劲儿了，“你看看，这些正在盛开的花可不该在同一时刻开放吧？”

魔法小精灵忽然明白过来了，各种花卉是有固定的开放时间的。可如今，本应该在凌晨 3 点钟开放的蛇床花，居然与早上 6 点开放的龙葵花、中午 12 点开放的茉莉花同时绽放。不仅如此，还有好多不该在同一时刻开放的花也都纷纷开放了。这让谷雨和魔法小精灵都产生了一种不好的预感。

“我们慢些走，小心有陷阱。”谷雨说。

他们继续往前走了一段时间后，竟然又遇到了那座奇怪的花坛。

“谷雨，我们是中了迷路魔咒吗？走了这么半天，居然又回到了起点？”魔法小精灵哆嗦着说。

“不要怕，我们见机行事，应该又是黑面包国国王搞的鬼。”谷雨安慰道。

“哈哈，小子，你说对了！就是我们国王让我来困住你们的。我要让你们永远留在这虚幻的花境中！”一只大鸟突然出现，在空中盛气凌人地说。

“你是谁？”谷雨问。

“我乃黑面包国的暗黑神鸟——黑乌王。我要你们永世被关在这里！哈哈哈！”说完黑乌王便飞走了，留下谷雨和魔法小精灵一脸惊慌。

就在这时，一条蚯蚓从泥土里钻了出来，怯生生地问："你们就是传说中来帮助我们消灭坏人的勇士吗？"

"是的，我是魔法小精灵，他是我请来的护塔神卫——谷雨。我们是来对付黑面包国国王，解救你们的。"魔法小精灵回答。

听了魔法小精灵的话，蚯蚓脸上的阴霾消失了，开心地说："黑乌王把我们的花钟弄坏了，现在所有的花都在乱开，导致这里的一切都乱套了，时空乱七八糟，没有章法。你们如果不想被永远地困在这里，就得让花钟恢复正常。"

"你知道要怎样才能修好花钟，粉碎黑乌王的阴谋吗？"魔法小精灵连忙问蚯蚓。

蚯蚓点点头，指着不远处说："你们看那些栅栏，它们围出了一些**长方形的地块**，每个地块里面本来摆满了**正方体的花盆**。这些花盆现在全被黑乌王施了魔法，变得一团乱。只有把弄乱的花盆重新摆好，而且必须**刚好摆满**这些相应的地块，花钟才能恢复正常。但每个地块只有一次机会，一旦摆错花盆，花钟将会永远失灵。"

谷雨走到一个围出来的长方形地块前，看着满地乱七八糟的花盆，冥思苦想半天还是一头雾水。

"谷雨，我帮你先量量这些地块和花盆的尺寸。"魔法小精灵说着用魔法变出一个卷尺。

"还是你聪明，竟然想到了这个，不然我可一点儿头绪也没有！"谷雨一拍巴掌。

"我们现在是一个团队，应该团结协作，各自发挥自己的特长，相互取长补短。"魔法小精灵说着话，很快就把尺寸量好了，"这边的四个**长方形地块**都是**长** 18 分米、**宽** 12 分米，**正方体花盆**的**底面边长**分别是 6 分米、4 分米、1 分米、2 分米、3 分米……"

"竟然有这么多不同规格的花盆！"谷雨感叹完，又小声嘀咕起来，"地块长 18 分米，如果用底面边长 6 分米的正方体花盆摆的话，可以摆 3 盆；地块宽 12 分米，用同样的正方体花盆摆的话，可以摆 2 盆。这样算来，这个长 18 分米、宽 12 分米的地块，用底面边长 6 分米的正方体花盆摆 2 行，每行摆 3 盆就可以了。"谷雨根据魔法小精灵给出的尺寸，推算出了摆放方案，然后迅速跟魔法小精灵一起按照方案把花盆搬了进去。

"还有三个同样尺寸的地块，但花盆太多太乱了，暂时找不到底面边长 6 分米的正方体花盆，我拿底面边长 4 分米的正方体花盆可以吗？"蚯蚓看着自己眼前稍小点儿的花盆问。

谷雨挑了挑眉，耐心地解释："你看 12÷6=2，18÷6=3，可以知道**6 既是 12 的因数，又是 18 的因数**，所以底面边长 6 分米的花盆可以刚好摆满。而 12÷4=3，18÷4=4……2，可以看出 4 是 12 的因数，但不是18的因数，所以底面边长4分米的花盆不能摆满。"说着，谷雨在地上画了几个格子代替花盆。蚯蚓发现，底面边长 4 分米的正方体花盆果真不能摆满这个尺寸的地块。

"根据谷雨讲的，我们需要的正方体花盆，底面的边长应该既是 12 的因数，又是 18 的因数，才能正好摆满这种尺寸的长方形地块。"魔法小精灵补充道。

谷雨见蚯蚓还不是太明白，又搬了一些底面边长为 1 分米的正方体花盆给蚯蚓示范。

“你看这个正方体花盆的底面边长为 1 分米，已知 12÷1=12，18÷1=18，那么在这个尺寸的地块中我们一行摆 18 盆，摆 12 行就可以正好摆满。因为**1 既是 12 的因数，又是 18 的因数。**”说完谷雨和魔法小精灵将第二个长 18 分米、宽 12 分米的地块摆满了底面边长为 1 分米的正方体花盆。

“我好像懂了，让我来试试！12÷2=6，18÷2=9，**2 既是 12 的因数，又是 18 的因数**。这里有底面边长是 2 分米的正方体花盆，所以我们一行摆 9 个，摆 6 行就可以正好摆满了。”蚯蚓的小脑瓜转得还挺快，一下子就算出来了。

“对啦，你真棒！”魔法小精灵说完又和谷雨一起把 54 个底面边长是 2 分米的正方体花盆搬进了第三个长 18 分米、宽 12 分米的地块里。

长 18 分米、宽 12 分米的地块只剩下最后一块了，蚯蚓像古代的

秀才那样摇晃着头缓缓道来："12÷3=4，18÷3=6，**3 既是 12 的因数，又是 18 的因数**。所以，我可以在这个地块里摆 4 行，每行 6 盆底面边长是 3 分米的正方体花盆。"

"哈哈，对！"谷雨和魔法小精灵看到蚯蚓这装作满腹经纶的样子，笑得前仰后合。就这样，他们将这四个相同尺寸的地块都摆满了正方体花盆。

"**几个数公有的因数就叫作这几个数的公因数。**比如刚刚的 1，2，3，6，它们既是 12 的因数又是 18 的因数，那么 1，2，3，6 就是 12 和 18 的公因数。接下来，我们就来找出每个地块的长和宽的公因数，尽快摆好剩下的花盆。"谷雨边给大家讲解原理，边安排工作。虽然长 18 分米、宽 12 分米的四个长方形地块被他们搞定了，但是还剩下三个其他尺寸的地块没有摆好花盆。他想一鼓作气，尽快完成。

"谷雨，这三个地块的尺寸都是长 12 分米、宽 8 分米，可花盆的规格有好多，我怎么判断应该摆哪种尺寸的花盆呢？"蚯蚓看着眼前的地块有点儿为难。

"我们可以用**列举法**，找 8 和 12 的公因数。你看，可以先找出 8 的因数有 1，2，4，8，再找出 12 的因数有 1，2，3，4，6，12，我们可以发现 8 和 12 的公因数有 1，2，4。那么在长 12 分米、宽 8 分米的三个地块里，我们就可以摆底面边长 1 分米的正方体花盆，摆 8 行，每行摆 12 个；也可以摆底面边长 2 分米的正方体花盆，摆 4 行，每行摆 6 个；还可以摆底面边长 4 分米的正方体花盆，摆 2 行，每行摆 3 个。懂了吗？"

“嗯嗯，懂了！”蚯蚓兴奋地一直点头。

“我们还可以用**筛选法**。这三个地块长 12 分米，宽 8 分米。我们先找出这两个尺寸中较小的数 8 的因数，有 1，2，4，8；然后我们再从这几个因数中找出较大的数 12 的因数，有 1，2，4，所以 1，2，4 就是 12 和 8 的公因数。这样也能确定花盆的尺寸。”这是魔法小精灵费了很大力气才想出来的方法，她觉得非常自豪。

“你这个办法也很棒！不过，现在你得和蚯蚓去多找一些伙伴来一起帮忙搬花盆，只靠我们三个人搬速度太慢了。”谷雨边说边擦了把头上的汗。

不一会儿，蚯蚓和魔法小精灵便找来了很多伙伴。看着这些体型大小不一的动物，谷雨决定把工作合理分配一下。他四下望了一圈，说道：“咱们得算算地块的长和宽的**最大公因数**。8 和 12 的公因数是

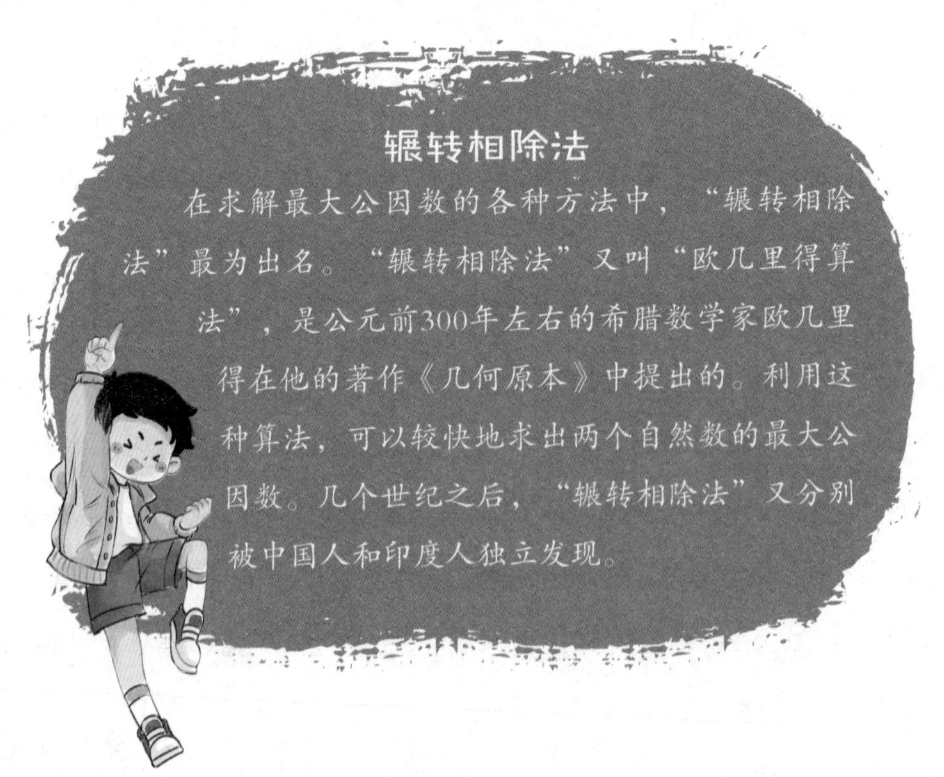

辗转相除法

在求解最大公因数的各种方法中，“辗转相除法”最为出名。“辗转相除法”又叫“欧几里得算法”，是公元前300年左右的希腊数学家欧几里得在他的著作《几何原本》中提出的。利用这种算法，可以较快地求出两个自然数的最大公因数。几个世纪之后，“辗转相除法”又分别被中国人和印度人独立发现。

1，2，4，那么它们的最大公因数就是 4。请长颈鹿兄弟们先把底面边长 4 分米的正方体花盆搬到对应的地块里去，他们个儿高，搬大的不费力。”

“好嘞！”长颈鹿们愉快地答应了。

“我发现 4 的因数有 1，2，4，这几个数也是 8 和 12 的公因数！”蚯蚓惊奇地喊道。

“哈哈，没错！**两个数的最大公因数的因数，就是这两个数的所有公因数**。我可以用集合图给大家画出来，这样一目了然。”谷雨让魔法小精灵变出魔法笔和香草纸，他拿着笔认真画起来。

谷雨画完图，又补充道：“我再教你一些关于公因数的知识，以备不时之需。听仔细喽：**有倍数关系的两个数，最大公因数是其中较小的数；有互质关系的两个数，最大公因数是 1。另外，一个数的因数个数是有限的，所以两个及两个以上数的公因数的个数也是有限的。既有最小的公因数 1，也有最大的公因数。**”

接下来，大家便按照找公因数法紧锣密鼓地干起来。过了没多久，花钟外围地块的花盆就都被整理完毕了。

不久前还浓郁的花香渐渐变淡，香气也没有那么混杂了。谷雨看了看手表，正是下午 3 点。此时花钟里面的万寿菊拔蕊怒放，而其他花则乖乖地处于静默状态，等待着属于它们各自盛开的时间。

“花钟终于恢复正常了！”大家欢呼着，雀跃着。

“哼！谷雨、魔法小精灵，我还会和你们一较高下的，你们等着！”闻讯飞来查看的黑乌王简直气疯了，龇牙咧嘴地丢下一句狠话，又飞走了。

第五层花境的路恢复了正常，那些扰乱人的岔路已经全部消失，谷雨和魔法小精灵可以继续前行了。他们看着美丽的花钟，朝小动物们挥挥手，告别了这芬芳的仙境。

数学小博士

谷雨利用求数的公因数和最大公因数，恢复了栅栏里花盆的正确摆放，最终使花钟恢复了正常，他和小精灵也平安地通过了第五层。

求两个数的公因数和最大公因数，常见的方法有列举法和筛选法。列举法：先分别列举出两个数的因数，再找出两个数的公因数和最大公因数。筛选法：先列举出较小数的因数，再从中选出较大数的因数，最终选出两个数的公因数，其中最大的一个数就是两个数的最大公因数。要注意，两个数的公因数的个数是有限的。还有一些特殊情况，如有倍数关系的两个数，最大公因数是其中较小的数；有互质关系的两个数，最大公因数是1。

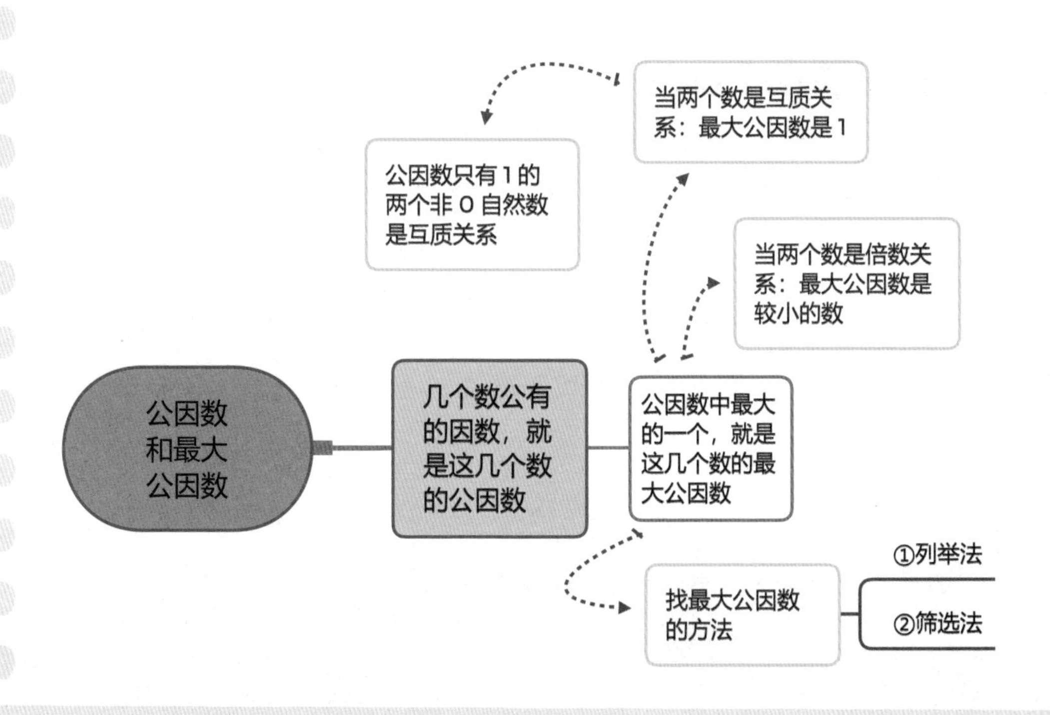

谷雨和魔法小精灵刚要出发，突然狂风肆虐，黑漆漆的乌云压了下来。不一会儿，豆大的雨点就像断了线的珠子般重重地砸向了地面，地上很快积满了水。雨过天晴后，谷雨看着泥泞的路犯了愁。为了不耽误行程，热情的大象弟弟找来一块长24米、宽18米的长方形木板，准备把它锯成边长是整米数的正方形木垫，让他们俩踩着这些木垫走过泥泞的路。

你能帮大象弟弟算一算，可以锯成边长是几米的正方形木垫吗？如果正方形木垫需要足够大，并且恰好把长方形木板锯完后没有剩余，那么最少可以锯多少块这样的正方形木垫？

长方形木板的尺寸是长24米、宽18米。我们先找出这两个数的公因数。24的因数有1，2，3，4，6，8，12，24，而18的因数有1，2，3，6，9，18，因此得出24和18的公因数有1，2，3，6。所以可以锯成边长是1米、2米、3米、6米的正方形木垫。因为正方形木垫需要足够大，又要把长方形木板正好锯完，所以这个正方形木垫的边长就必须是24和18的最大公因数6，得出（24÷6）×（18÷6）=12（块）。

第六章

06 抵御蝙蝠纵队

——公倍数和最小公倍数

“谷雨，这一路下来你越来越厉害了，好多数学难题你都能迎刃而解！”魔法小精灵赞叹道。“还好啦，你也很厉害呀！”谷雨笑着说。两个人聊着天，不知不觉走到了智慧塔的第六层。

第六层的入口是一条隧道，他们刚走进隧道，一群黑漆漆的东西就像一面黑墙似的朝谷雨和魔法小精灵扑面而来。

“小心，快趴下！”魔法小精灵大叫。

谷雨反应还算迅速，趴在地上惊魂未定：“这些是什么东西，为什么要袭击我们？”

魔法小精灵说：“这是蝙蝠，但和你们那里的蝙蝠长得不太一样。”

“我说呢，看着像蝙蝠，又不太像。不过为什么会有这么多蝙蝠？这层是蝙蝠的聚居地吗？”谷雨很疑惑。

魔法小精灵指了指周围，说：“这层是水晶宫殿，四周都是用水晶砖砌成的墙，只能通过这条水晶隧道进入内部，里面住着很多小花、小草和大树。至于这些蝙蝠，我也不知道是从哪里来的。”

过了好久，蝙蝠群终于飞过去了，谷雨和魔法小精灵从地上缓缓爬起来，终于有了喘口气的机会。

“你们是谁？”谷雨被突如其来的声音吓了一跳，转头看见一朵玫瑰正有气无力地跟他们说话。

“你不认识我啦？我是魔法小精灵啊。他是我请来的护塔神卫，叫谷雨。我们是来救精灵女王的。”魔法小精灵连忙介绍。

听了魔法小精灵的话，玫瑰这才放下戒心，主动打起了招呼：“很高兴见到你们！魔法小精灵你知道的，我们和花璃层主千百年来一直安安稳稳地生活在智慧塔第六层。可是就在不久前，黑面包国国王用

魔力毁了水晶隧道里的水晶护卫墙，让他的手下蝙蝠纵队毫无阻碍地穿过隧道，进入水晶宫殿内部，并不断攻击我们。现在整个第六层都陷入了危险，花璃层主也被他们关入地下牢笼。”玫瑰花越说越伤心。

“我们能帮你们做什么呢？”谷雨担心地问。

“水晶护卫墙是用来阻挡外界邪恶势力的屏障，如果你们能帮我们把所有的水晶护卫墙修好，蝙蝠纵队就会被阻挡在外面，我们就能脱离困境了。”玫瑰回答道。

魔法小精灵四下张望了一阵，转回头问玫瑰：“水晶护卫墙都在什么位置呀？”

玫瑰用她的小绿叶指了指他们的头顶，说：“你们看，这条隧道上方每一道突起的横梁就是曾经的水晶护卫墙。这里原本是由一堵堵水晶护卫墙层层守卫的。”

谷雨走到一道横梁下抬头看了看，转头对魔法小精灵说：“可以帮我量一下这条隧道里每道横梁处的**横截面大小**吗？”

“好的！”魔法小精灵变出魔法卷尺，飞来飞去地仔细量起来。

过了好久，她喊道：“谷雨，每道横梁处的横截面我都量过了，都是**正方形**，但尺寸不一样。它们的**边长**，有的是6米，有的是8米，有的是12米，有的是18米，有的是24米，还有的是30米。”

“是的，隧道的每段空间并不一样大。横截面尺寸不同的水晶护卫墙可能会用到不同尺寸的水晶砖。但每块水晶砖的厚度是一样的，所以水晶墙的厚度都是一样的。”玫瑰耐心地解释着。

“那这些墙分别采用了哪些尺寸的水晶砖呢？”谷雨问。

玫瑰面露难色：“这个我不知道。当初建造这些墙的工匠也被他们抓起来了。”

“那你们都有哪些尺寸的水晶砖呢？”谷雨又问。

“有长3米、宽2米的，有长4米、宽2米的，有长5米、宽2米的，有长9米、宽6米的。”玫瑰想了想，回答道。

“这些水晶砖都好大啊！咱们先看横截面边长是6米的地方吧。”谷雨走过去四下看了看，“看样子，我们砌的水晶护卫墙的边长也必须

是 6 米，这样才能严丝合缝。6÷3=2，6÷2=3，**6 既是 3 的倍数，又是 2 的倍数**，这个横截面处的水晶护卫墙就用长 3 米、宽 2 米的水晶砖砌，将水晶砖横着砌 2 块，砌 3 层。”

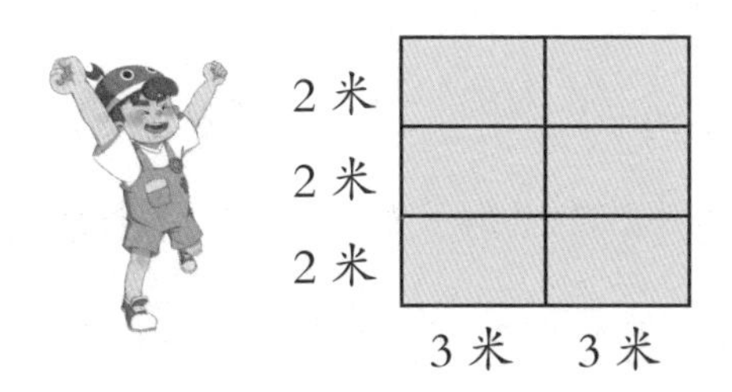

“好的，我让大树哥哥们运水晶砖过来。”玫瑰说完，就跑去找大树哥哥们干活了。等玫瑰回来，谷雨拉着她又往另一边跑：“我们现在到魔法小精灵刚才站的地方去，她说那里的横截面边长是 8 米。”

“这个地方也可以用长 3 米、宽 2 米的水晶砖砌吧？”玫瑰问。

“不行。你看 8÷3=2……2，8÷2=4，8 是 2 的倍数，但不是 3 的倍数啊，所以这个尺寸的水晶砖不能正好砌满。”谷雨摇头。

“那能用什么规格的水晶砖呢？”玫瑰弄不明白。

“你刚才不是说有长 4 米、宽 2 米的水晶砖吗？8÷4=2，8÷2=4，**8 既是 4 的倍数，又是 2 的倍数**，这个横截面处的水晶护卫墙就用长 4 米、宽 2 米的水晶砖横着砌 2 块，砌 4 层就可以。相信我，错不了的！”谷雨拍拍胸脯。

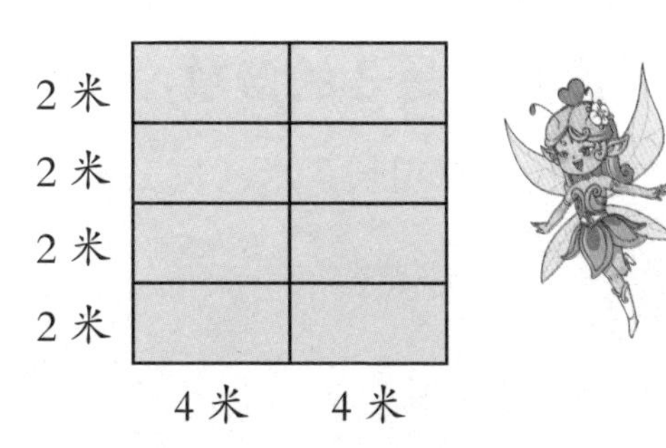

"幸好我拿了个对讲机过来，"玫瑰得意地说，"我马上通知他们砌完上一面墙，就把长 4 米、宽 2 米的水晶砖运过来。"

"哈哈，你真是个机灵鬼。"谷雨笑着说。

这时，魔法小精灵从远处飞过来，气喘吁吁地说："这里安排完了吧？前面两个横截面边长分别是 12 米和 18 米。"

谷雨激动地一拍巴掌："那太好了！这两个地方都可以用长 3 米、宽 2 米的水晶砖砌。"

"为什么呢？"玫瑰的脑子又没转过弯来。

谷雨解释道："12÷3=4，12÷2=6，**12 既是 3 的倍数，又是 2 的倍数**，所以边长为 12 米的横截面处，可以用长 3 米、宽 2 米的水晶砖横着砌 4 块，砌 6 层。还有……"

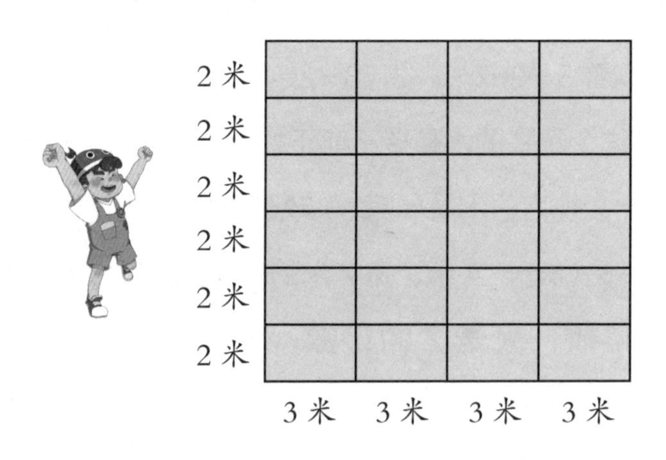

正当谷雨想继续往下说的时候，玫瑰打断了他的话："我知道了！18÷3=6，18÷2=9，**18 也既是 3 的倍数，又是 2 的倍数**，所以边长是 18 米的横截面处也可以用长 3 米、宽 2 米的水晶砖砌墙，横着砌 6 块，砌 9 层。"

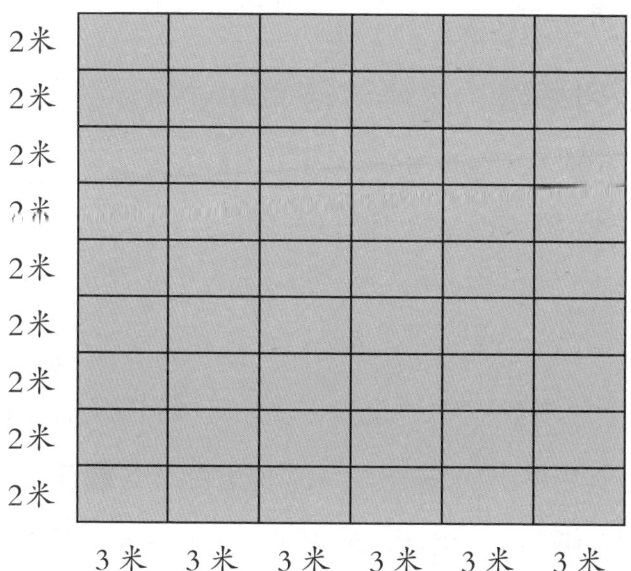

谷雨冲玫瑰竖起了大拇指："完全正确！让大树哥哥们运 78 块长 3 米、宽 2 米的水晶砖过去吧，这样运一次砖就可以砌两面墙了。"

"谷雨，你快给我具体讲讲，你用的这是什么方法？听着好有趣啊！"魔法小精灵崇拜地看着谷雨。

谷雨说："方法就是找几个数的**公倍数**。6，12，18 这几个数既是 2 的倍数，又是 3 的倍数，所以它们是 2 和 3 的公倍数。只要横截面的边长是 2 和 3 的公倍数，就可以用长 3 米、宽 2 米的水晶砖正好砌满这个横截面。**每个数的倍数的个数是无限的，所以两个数的公倍数的个数也是无限的**。也就是说，只要横截面的边长是 2 和 3 的公倍数，那些地方就都可以直接用长 3 米、宽 2 米的水晶砖。"

"这也太方便了吧！那找两个数的公倍数有什么方法吗？"魔法小精灵又问。

"当然！玫瑰说他们还有长 9 米、宽 6 米的水晶砖，那我就以这款水晶砖为例说一说。”谷雨仿佛一个小老师。

“第一种方法是**列举法**。”说着，谷雨用树枝在地上列了个表。

6 的倍数	6，12，18，24，30，36，42，48，54…
9 的倍数	9，18，27，36，45，54，63，72，81…

列完表后，谷雨接着说：“看这个表，我们可以知道 6 和 9 的公倍数有 18，36，54…其中最小的是 18，18 就是 6 和 9 的**最小公倍数**。只要横截面边长为 6 和 9 的公倍数，就都可以用长 9 米、宽 6 米的水晶砖正好砌满。”

“后面的省略号是什么意思？”玫瑰好奇道。

“它们的公倍数的个数是无限的啊，所以用省略号代替，不然我写到白发苍苍也写不完呐！”谷雨双手一摊。

“哈哈哈，那还有其他方法吗？”玫瑰的求知欲也开始膨胀了。

“还有一种**筛选法**。”谷雨回答，“我们可以先列举较大的数的部分倍数，比如 6 和 9 中，先列举 9 的倍数，有 9，18，27，36，45，54，63，72，81…然后再在其中由小到大筛选出 6 的倍数，有 18，36，54，72…这样就能很快知道 6 和 9 的公倍数有 18，36，54，72…其中最小公倍数是 18。另外有个小秘密告诉你：**有倍数关系的两个数，最小公倍数就是其中较大的数；有互质关系的两个数，最小公倍数是它们的乘积**。”

“那我们还有一些长 5 米、宽 2 米的水晶砖，应该用在哪种尺寸的横截面呢？你就直接告诉我吧，我的脑袋都快被塞满了。”玫瑰觉得数学太复杂了。

“我再教你一个**图示法**吧。用集合图来表示 5 和 2 这两个数的公倍数，这个方法更简便。”谷雨说着画出一个图示。

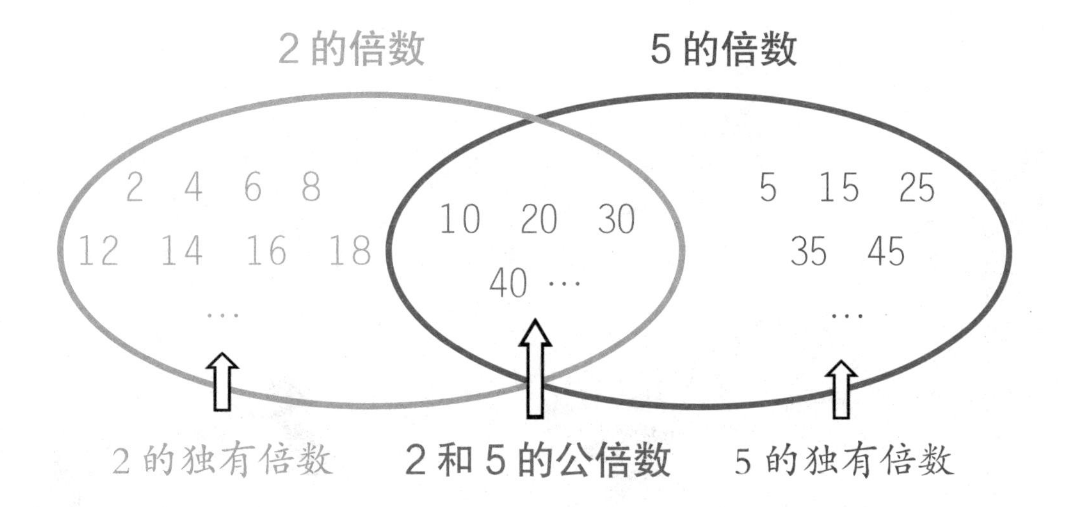

“这样看就清楚多了！长 5 米、宽 2 米的水晶砖可以堆砌在边长为 10 米、20 米、30 米、40 米等的横截面处。如果到了横截面边长是 30 米的地方，长 3 米、宽 2 米的水晶砖刚好用完了的话，我们就可以换长 5 米、宽 2 米的水晶砖了。”玫瑰不停点头，兴奋地说道。

“对！你的脑袋这不转得挺快嘛！”谷雨欣慰极了，玫瑰也对数学渐渐产生了兴趣。

就这样，经过几天艰苦奋战，大伙儿终于把水晶护卫墙全都修葺完毕了。而就在这时，黑乌王又带领蝙蝠纵队来扫荡了。

可是，这次，一堵堵全新的水晶护卫墙挡在了他们面前。黑乌王气急败坏地指挥蝙蝠们往水晶护卫墙上撞去，想把它们推倒。结果那些墙像钢板一样坚硬，撞得蝙蝠浑身是包，眼睛里面直冒星星。

“可恶！又是你们俩坏了我的好事，我不会放过你们的！”黑乌王怒气冲冲地嚷着，可也只能带着他的蝙蝠纵队飞走了。

谷雨高声冲黑乌王的背影喊道：“一切恶行注定会败在正义力量的脚下！”

赶走了黑乌王，谷雨和魔法小精灵跟着玫瑰来到地牢，救出了花璃层主。花璃层主由于被囚禁了很多天，身体非常虚弱，她轻声说道：“谢谢你，魔法小精灵！这位是……？”

魔法小精灵握着花璃的手，自豪地说：“这是我请来的护塔神卫——谷雨！”

“也谢谢你，谷雨！”说着，花璃层主变出一朵花递到谷雨手上，“这是一朵七色花，它或许可以在接下来的行程中帮到你。”

谷雨接过美丽的七色花，告别了花璃和其他人，和魔法小精灵又踏上了新的征途。

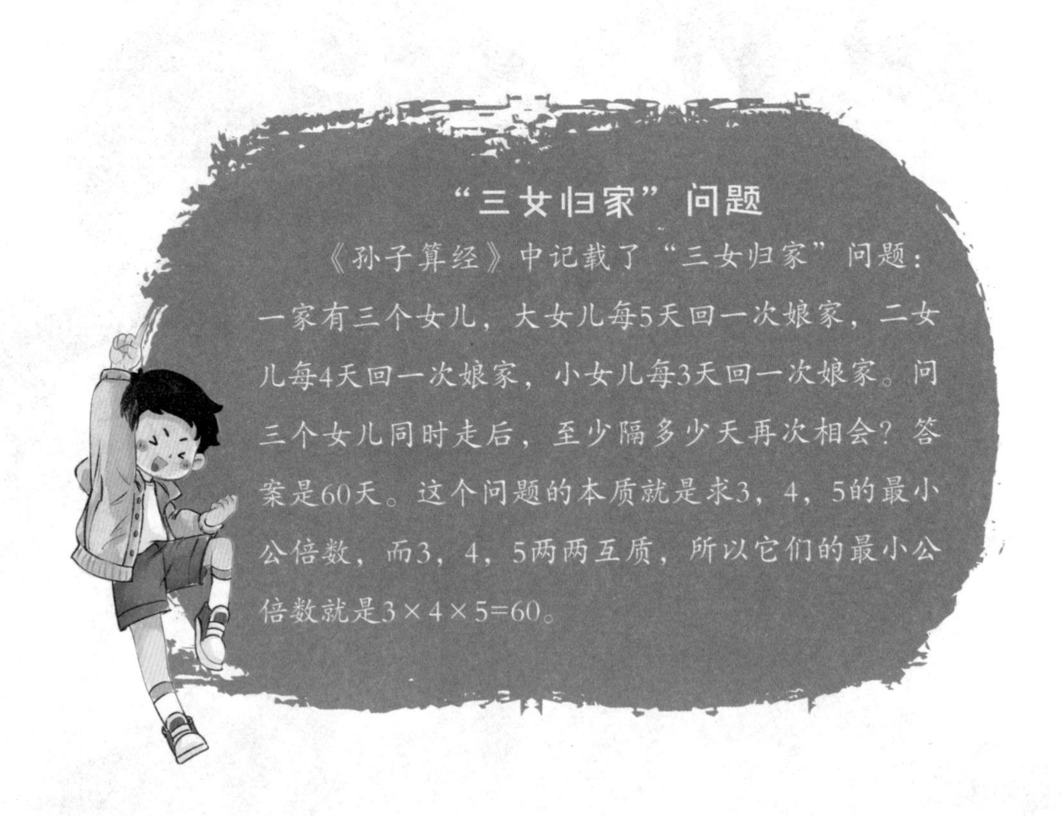

“三女归家”问题

《孙子算经》中记载了“三女归家”问题：一家有三个女儿，大女儿每5天回一次娘家，二女儿每4天回一次娘家，小女儿每3天回一次娘家。问三个女儿同时走后，至少隔多少天再次相会？答案是60天。这个问题的本质就是求3，4，5的最小公倍数，而3，4，5两两互质，所以它们的最小公倍数就是$3\times4\times5=60$。

数学小博士

坚实的水晶护卫墙让黑乌王带着蝙蝠纵队灰溜溜地撤走了。修复了这些墙的谷雨，令第六层的居民们感激、敬佩。而谷雨的倾囊相授，也使他们知道了一些奇妙的数学知识。

公倍数是几个数共有的倍数，最小公倍数是其中最小的一个公倍数，公倍数的个数是无限的。求两个数的公倍数和最小公倍数，常见的方法有列举法和筛选法。列举法：先分别列举出两个数的倍数，再找出两个数的公倍数和最小公倍数。筛选法：先找出较大的数的倍数，再从其中找出较小的数的倍数。

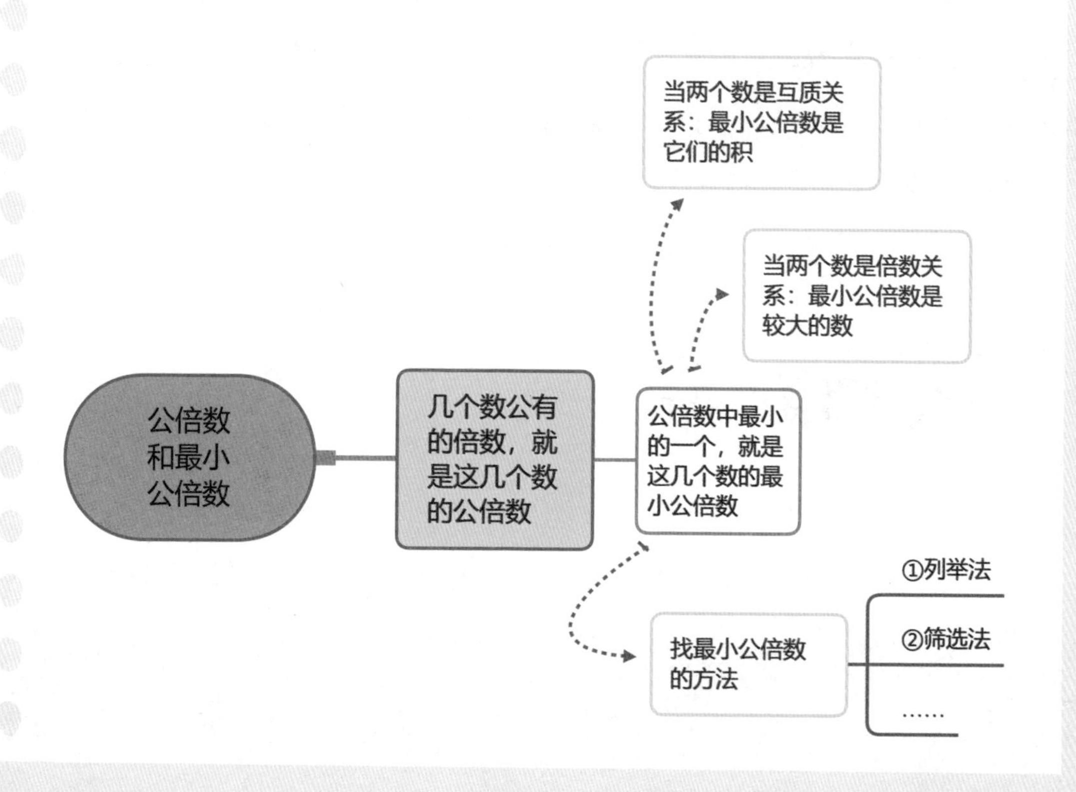

水晶护卫墙晶莹剔透，虽然看起来很轻巧，但其实每块水晶砖都十分重。谷雨和玫瑰看见大树哥哥们一个个累得气喘吁吁的，决定帮忙一起搬运。

于是，玫瑰找来几百朵小花组成小花队，谷雨和魔法小精灵组成勇士队，大家一起搬水晶砖。搬砖途中两队都要经过一座长 60 米的木桥。

在木桥上，小花队每搬 4 米就要停下来休息一会儿，勇士队身体强壮些，每搬 5 米再停下来休息。如果从木桥的起始端开始做记号，两队每停下来休息一次，都分别用一根木棒摆在休息点做上记号。（桥的末端也需要摆一根木棒，表示已经走完。）为了节约材料，两队商量如果休息点重合就只做一次记号。

请问他们两队一共需要多少根木棒做记号？

从桥的起始端开始，小花队每隔 4 米摆一根木棒做记号，他们摆木棒位置的米数都是 4 的倍数。所以对于小花队来说，在 60 米长的木桥上一共要摆 60÷4+1=16（根）木棒做记号。

再看勇士队，从桥的起始端起，每隔5米摆一根木棒做记号，他们摆木棒位置的米数都是5的倍数。所以在60米长的小桥上，勇士队一共要摆60÷5+1=13（根）木棒。

要想知道两队在木桥上一共需要多少根木棒来做记号，还需要把两队重合处的木棒去掉一份。

起始端的1根木棒以及4和5的公倍数位置处的木棒都是重合的，不需要摆两次。在60以内4和5的公倍数有20，40，60，所以在桥的20米、40米、60米处摆的木棒需要减掉一份，也就是减掉3根。

所以一共需要16+13−1−3=25（根）木棒。

第七章

夺苗抗沙漠化

——分数的意义

谷雨告别了水晶围成的奇幻世界，和魔法小精灵马不停蹄地奔向智慧塔第七层。刚进入第七层，一道闪电便划过天际，接着雷声轰鸣。一阵旋风卷过，远处的道路立刻腾起阵阵沙尘。

“魔法小精灵，这里也有人住吗？”谷雨看着眼前寸草不生的土地疑惑地问。

“肯定有的，智慧塔每层都有各自的层主和他的子民。”魔法小精灵点点头。

谷雨四下看了看：“可这里现在荒无人烟的。”

“嘘——谷雨，你听！”魔法小精灵突然静下来。

谷雨竖起耳朵，隐约听见一阵整齐的“嘚嘚”声。“听着像马蹄声。我们先躲起来，看看到底是什么人。”说完，谷雨和魔法小精灵迅速躲到了一块大石头后面。随着“嘚嘚”声越来越近，谷雨的心几乎要提到嗓子眼儿了。

突然，一个炸雷般的声音在谷雨头顶上厉声说道：“你们是谁？”

谷雨抬头一看，是一群身着绿色铠甲的战马。“我们就是路过贵地，马上就走！”在没有摸清对方底细之前，谷雨只能应付着撒了个谎。

其中一匹战马看了他们一眼，说：“那你们赶快离开这里吧。黑面包国国王抓走了我们的层主和夫人，又把这里的树木全毁掉了，导致土地严重沙漠化。他们还抢了我们的树苗，让我们没办法种树。现在我们要为家园而战，夺回树苗，重建绿色家园，让这里的生态恢复平衡。"

魔法小精灵看他们不是坏人，于是消除了戒备："重新介绍一下，我是魔法小精灵，他是我请来的护塔神卫，叫谷雨。我们是专为对付黑面包国国王而来的。"

"哦，太好了！感谢你们前来支援我们。"一匹身着金色铠甲的战马从后面走过来感激地说，"我是战马护卫队的统领，请二位跟我回营地商量一下打败黑面包国的策略吧！"

谷雨和魔法小精灵跟随战马们火速赶回营地。一路上沙尘扑面袭来，如刀锋划过他们的脸颊，好疼啊！这里的环境真是太恶劣了！

到了营地，黑熊战队、猎豹战队、狮虎战队和骏马战队早已整装待发，准备从东南西北四个方向，分别包抄黑面包国国王设在第七层的临时驻点。可是看了一圈，谷雨却没看见粮草部队，便问战马统领："粮草部队是先出发了吗？"

战马统领一下子被问住了："粮草……应该还在粮仓……"

"这可不行啊，温饱都得不到保障是很难打胜仗的。我们老家有句话叫'兵马未动，粮草先行'。"谷雨严肃地说。

战马统领急忙说："非常感谢你的提醒。我立刻就去集结粮草部队。可是现在箭在弦上，十万火急，怎样才能在最短时间内分配好粮草，让粮草部队先行出发呢？毕竟大部队要往四个方向同时行进啊。"

要解决这个问题，必须先了解粮草的情况，于是谷雨和魔法小精

灵来到了粮仓。粮仓里有许多圆形的重阳糕、长方形的奶酪块、长条形的面包棍，还有一箱箱凌乱摆放着的牛奶，这些食物的尺寸都大得出奇。谷雨皱了皱眉，心想：现在才开始分装这些东西，会延误大军行进的时间。如果不分装，一股脑儿地全部分发给士兵们，这些大块头的东西又不便于携带。该怎么办才好呢？突然，一个念头闪过他的脑海，谷雨急忙跟战马统领说："我们先给每个士兵两天的食物，让他

们随身带着先出发，然后把剩下的粮草分装好后用快马运载，保证大部队到达目的地的两天内粮草也到达，这样就不会耽误行军了。”

战马统领完全赞成。但是这两天的粮食该怎么分装携带呢？总不能让士兵们一个个都扛着一米多长的面包棍、脸盆大小的重阳糕、半个桌面大的奶酪块出发吧！

谷雨看出了战马统领的为难，对他说：“我们先准备一些大的食品袋子，每袋里装 $\frac{1}{4}$ 块的重阳糕，$\frac{5}{8}$ 块的奶酪，$\frac{3}{5}$ 根的长条面包棍，牛奶每袋里放整箱的 $\frac{1}{3}$，然后每个士兵分发 4 个这样的食品袋，应该够吃两天的。”

战马统领听得一愣一愣的，挠着前额尴尬地说：“你说的我懂，就是把食物分割开，然后分别装袋发下去。但是这 $\frac{1}{4}$，$\frac{5}{8}$，$\frac{3}{5}$，$\frac{1}{3}$ 是什么意思呢？”

谷雨拿着一块圆形的重阳糕，用刀子在重阳糕上切了个“十”字，然后对战马统领说：“你看，我把这块重阳糕**平均分成了 4 份**，我手里拿的其中一小块就是这块重阳糕的 $\frac{1}{4}$。”

接着谷雨又把长方形的奶酪块**平均切成了 8 份**，拿着其中的一小块说：“这是一块奶酪块的 $\frac{1}{8}$，我拿 5 块这样的小块就是这整块大奶酪的 $\frac{5}{8}$。也就是说，只要是**将单位‘1’平均分成若干份，取其中的几份**，我们就可以用类似 $\frac{1}{4}$，$\frac{5}{8}$ 这样的**分数**来表示。”

战马统领头顶的疑云总算拨开了一点儿，但他仍有不明白的地方，于是问："你说要把单位'1'平均分成若干份，这单位'1'指一份吗？那这箱牛奶有6瓶，难道是单位'6'？"

魔法小精灵笑着帮谷雨解释道："统领你可真幽默。是这样的，**一个物体，或者一个由许多物体组成的整体，又或者一个计量单位，都可以用自然数1来表示，我们通常把它称作单位'1'**。像你刚刚说的一箱6瓶的牛奶就可以看作一个整体，它还是单位'1'。

把一箱里面的6瓶平均分成3份，其中1份就是这箱牛奶的$\frac{1}{3}$，也是这个单位‘1’的$\frac{1}{3}$。分数中间的‘—’叫作**分数线**，分数线上面的部分叫作**分子**，表示所需要的份数，分数线下面的部分叫作**分母**，表示把单位‘1’平均分成的总份数。”

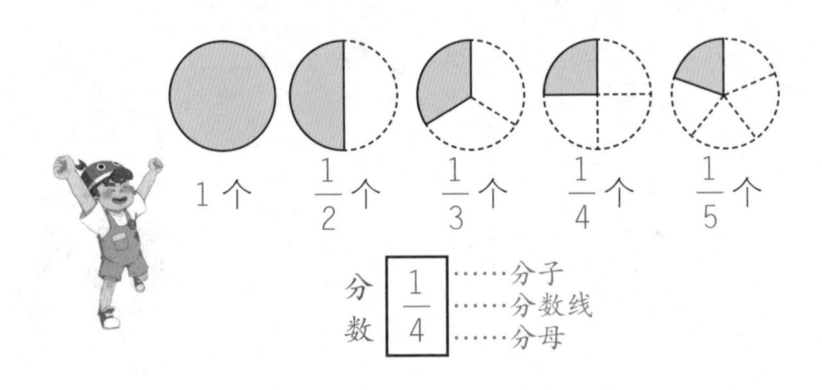

“我彻底明白了，比如这根面包棍，你说每袋里装它的$\frac{3}{5}$，就是把面包棍先平均切成5个小段，取其中的3小段就可以了。”战马统领说。

“对，就是这个意思，把面包棍平均切成5段，每袋里装一根面包棍的3个分数单位。”魔法小精灵说。

“分数单位？”战马统领又开始云里雾里了。

“你看你这术语用得统领都不懂了吧。还是我再来解释一下吧！”谷雨笑着说，“**分数单位就是分数的计数单位，把单位‘1’平均分成若干份，表示其中一份的数就是分数单位。**比如刚刚说的几个分数，$\frac{1}{4}$是$\frac{1}{4}$的分数单位，$\frac{1}{8}$是$\frac{5}{8}$的分数单位，$\frac{1}{5}$是$\frac{3}{5}$的分数单位，$\frac{1}{3}$是$\frac{1}{3}$的分数单位。”

“我明白了，分数单位跟单位‘1’被平均分成的份数有关，**一个**

分数的分母是几，分数单位就是几分之一。”战马统领连连点头。

“是的，分数单位是随被平均分成的份数的变化而变化的，只与分数的分母有关，与分子无关。**分子只是表示有几个这样的分数单位**。所以一根面包棍被平均分成5份，它的分数单位就是$\frac{1}{5}$，1个分数单位是$\frac{1}{5}$，2个分数单位是$\frac{2}{5}$，3个分数单位是$\frac{3}{5}$。”谷雨调皮地眨了眨眼。

“这次我彻底懂了，真的非常感谢你们！我现在就去让炊事班分装食物，发放到每个士兵的手里。”战马统领感激地说。

安排完粮草的事，几个人回到统领的营帐继续商议。过了一段时间，一匹绿衣战马进入营帐汇报：“报告！食物分发完毕，战斗部队已经出发。但炊事班又遇到了一个新的难题，正在那边吵呢。”

“走，咱们过去看看。”战马统领对谷雨说。谷雨点点头，拉着魔法小精灵跟随战马统领走出营帐。

他们来到堆放木柴的地方，发现4队炊事班因为公平分配木柴的问题吵了起来。谷雨看着气氛紧张，连忙安抚大家：“大家好，我是护塔神卫谷雨。你们这4队炊事班可是前线大军坚实的后盾，现在要团结，不能内讧。至于公平分配木柴的问题就交给我，我会给你们满意的答复。”谷雨越来越觉得自己有当老师的潜质了，上学时每次同学发生矛盾，班主任都是这样安抚大家的。

果然，听了谷雨的话大家都安静下来。其中一个炊事班的班长松鼠说：“你说说怎么个公平分配法？”

谷雨娓娓道来：“我们把这堆木柴看作一个整体，也就是单位‘1’，把这单位‘1’平均分成4份，每份就是$1\div4$，所以每队分$\frac{1}{4}$堆的木柴就可以了。这里整数1和4相除，不能得到整数商，我们就可以用$\frac{1}{4}$这个分数表示。需要注意的是，这里的$\frac{1}{4}$加了单位‘堆’，所以不再表示部分与整体的关系，而是表示数量。大家的数量都是$\frac{1}{4}$堆。这样就公平了吧？”

“$\frac{1}{4}$堆具体是多少呢？”一个炊事员挠着脑袋问。

“得先知道一共有多少木柴。”谷雨说。

“这个好办。”魔法小精灵带着大家一起数了一下，然后回来告诉谷雨，“这堆木柴一共有200捆。”

“好，那么单位‘1’指的就是‘200捆木柴’，把它平均分成4份，所以用$200\div4=50$（捆），每队取1份，你们每队拿走50捆就行了。”

大伙儿听了谷雨的话茅塞顿开，非常满意。

“谷雨神卫，按你刚刚说的，那**分数和除法**是有关系的喽？”战马统领若有所思地问。

“当然。”谷雨拿起旁边的3块圆形的大重阳糕说，“举个例子，如果我要把这3块重阳糕平均分给4队炊事班，你知道怎么分吗？”

“这个我知道，每队都拿每块重阳糕的$\frac{1}{4}$，拿3次，$\frac{1}{4}+\frac{1}{4}+\frac{1}{4}=\frac{3}{4}$（块）。”战马统领回答。

“统领的方法有点儿麻烦，”魔法小精灵突然蹦出来说，“是我的话，我就把3个重阳糕叠在一起，横竖两刀‘十’字切下去，把它们一起平均分成4份，一次性就可以分出$\frac{3}{4}$块。”

“你们的方法都没错。我们还可以用除法来求，$3\div4=\frac{3}{4}$（块），也就是‘**被除数 ÷ 除数 = $\frac{\text{被除数}}{\text{除数}}$**’。在这里**被除数**相当于分数的**分子**，**除号**相当于分数的**分数线**，**除数**相当于分数的**分母**。当然由于除数不能为 0，所以**分母也不能为 0**。用字母表示就是，被除数为 a，除数为 b，那么 $a\div b=\frac{a}{b}$（$b\neq0$）。”谷雨讲得头头是道，战马统领和魔法小精灵也听得津津有味。

“你看我的面包棍只有 7 分米，你有 $\frac{7}{10}$ 米呢，这不公平！你的 $\frac{7}{10}$ 有两个数字，我的 7 只有一个数字，你的这份面包棍肯定比我的多！”一阵争吵声突然打断了谷雨的话。

原来是黑熊班长和猎豹班长吵起来了。

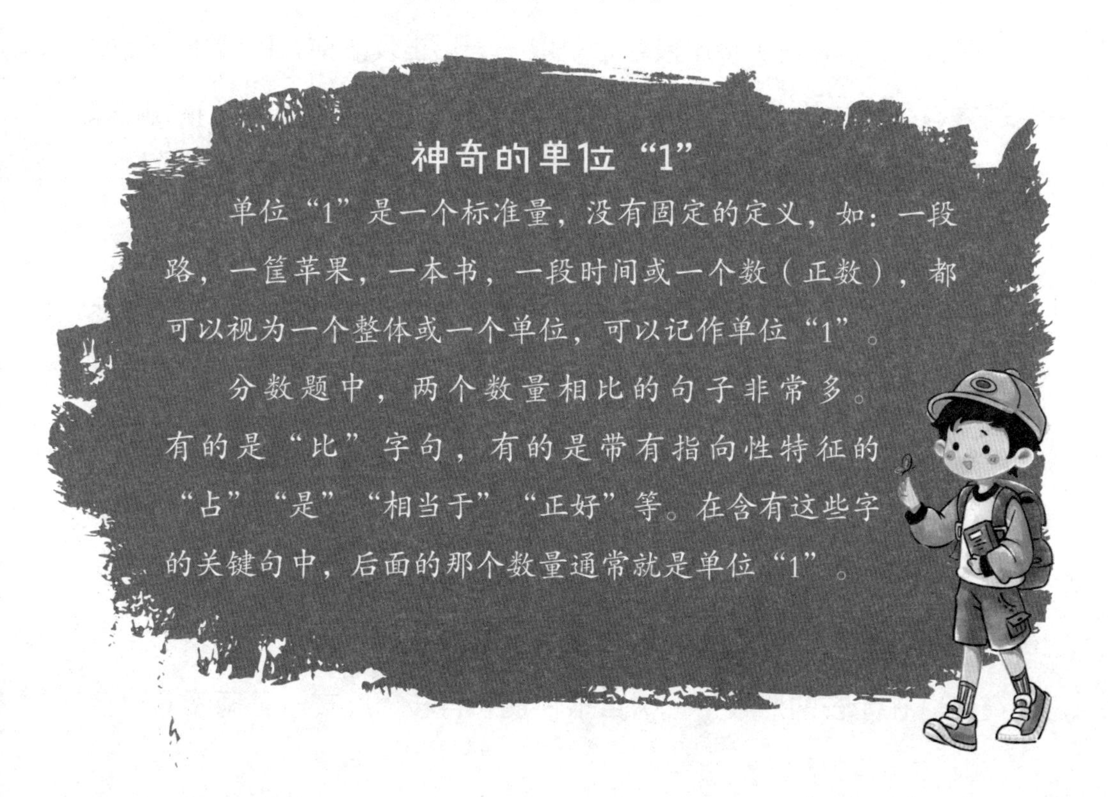

神奇的单位“1”

单位“1”是一个标准量，没有固定的定义，如：一段路，一筐苹果，一本书，一段时间或一个数（正数），都可以视为一个整体或一个单位，可以记作单位“1”。

分数题中，两个数量相比的句子非常多。有的是“比”字句，有的是带有指向性特征的“占”“是”“相当于”“正好”等。在含有这些字的关键句中，后面的那个数量通常就是单位“1”。

谷雨笑着说："黑熊班长，你说7分米没有$\frac{7}{10}$米大，但你有没有注意它们单位是不一样的？我们把它们**化为同样的单位**看：1米=10分米，7分米可以看成把1米平均分成10份，其中的7份就是7分米，用分数表示就是$\frac{7}{10}$米，所以7分米$=\frac{7}{10}$米。其实你们俩的面包棍是一样多的。"黑熊班长惭愧地低下了头。

"当然我们**用除法计算更简便省时**：$7\div10=\frac{7}{10}=0.7$（米）=7（分米），也就是完全一样。"谷雨补充道。

"谷雨神卫，按你的意思，如果我做一桌饭菜要29分钟，如果换算成'时'的话就是$29\div60=\frac{29}{60}$（时）了？"猎豹班长问。

"是的！你很聪明，一听就会了。"谷雨伸出大拇指称赞。

"好了，你们赶快整理粮草，争取一天后出发。前方的战士们得吃饱了才有强大的战斗力，才能从黑面包国国王的手里夺回我们的树苗。正义必胜！"战马统领命令道。

"正义必胜！"大家齐声喊着，那声音响彻云霄。

经过奋战，黑面包国国王的队伍在四大战队的合力包抄中弹尽粮绝，节节败退。战马统领率领士兵救出了层主和层主夫人，夺回了树苗。

战后，大家齐心协力把树苗都栽种到了土地里。层主骆驼站在宫殿门前，举起魔法棒，天空中立刻下起了如油的细雨，树苗顿时快速生长起来。接着，层主夫人也举起手中的魔法棒，天边立刻发出了五彩霞光。在光芒的照耀下，树苗很快便长得枝繁叶茂。谷雨看着蔚蓝的天，呼吸着清新的空气，心中万分舒畅。

“谢谢你们，”层主骆驼紧紧握住谷雨的双手，“你巧妙地分配了粮草，才让我们前线的战士无后顾之忧，全心奋战。我和我的子民诚心感谢你！”

“不用客气，等解救了整个智慧塔和精灵女王，我们再相聚！”说完，谷雨和魔法小精灵依依不舍地与大家告别，迈着坚定的步伐向下一层进发。

数学小博士

谷雨帮助战马统领解决了粮食的分配问题，为前线的胜利打下了坚实的基础。现在让我们来回忆一下谷雨所用的数学知识吧！

对于一个物体、一个计量单位或是由许多物体组成的一个整体，都可以用自然数 1 来表示，我们通常把它叫作单位“1”。把单位“1”平均分成若干份，这样的一份或几份都可以用分数来表示。表示其中一份的数叫作分数单位，分数都是由一个或几个分数单位组成的。

分数与除法之间还存在着一定的关系。被除数相当于分数的分子，除数相当于分数的分母，被除数 ÷ 除数 $=\frac{\text{被除数}}{\text{除数}}$。

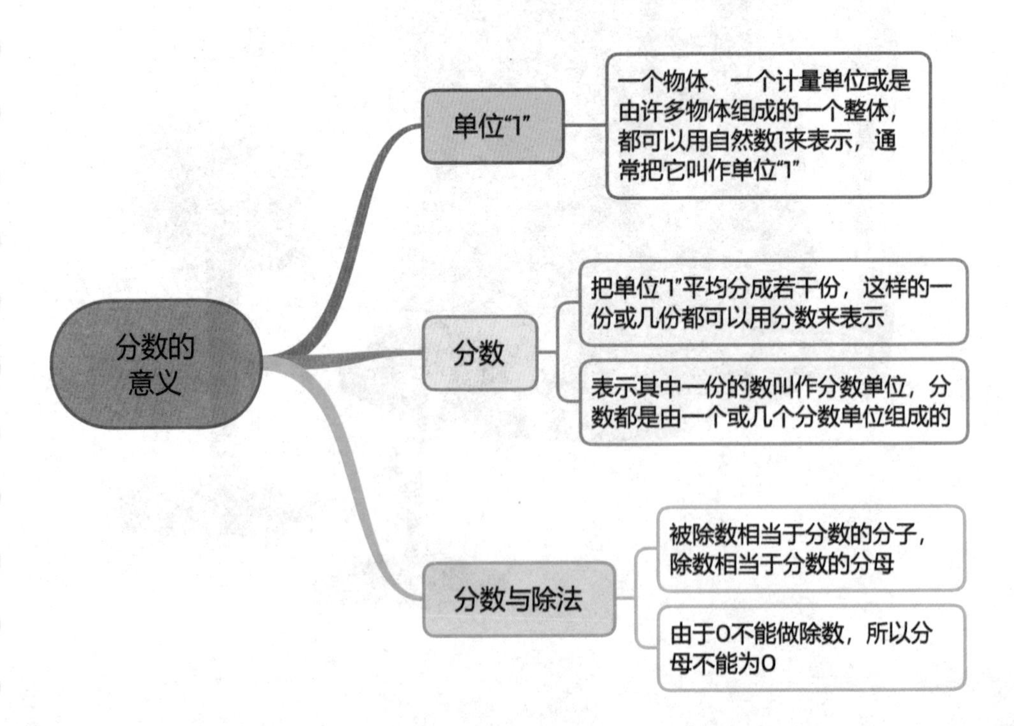

众所周知，没有任何一种天然食物可以涵盖动物及人体需要的所有营养物质，饮食单一化会导致营养不良，使身体出现各种不适。

战马统领看着战士们屈指可数的食物种类，心里很不安。为了避免战士们出现营养不良的问题，他决定再增加一些红薯，于是命令鼹鼠班长带领炊事班一起去采购。

最后，炊事班的伙伴们买来 5 袋红薯，每袋 6 千克，准备快马加鞭将这些红薯平均分给在前线日夜奋战的 36 匹战马。你知道每匹战马可以分到多少吗?

我们可以从两个角度去想:

每匹战马能分到几分之几袋?

每匹战马能分到几分之几千克?

开动你的脑筋，仔细思考一下吧!

首先，我们可以把炊事班采购来的红薯总数看作单位“1”，把它平均分成 36 份，这样每匹战马分得的红薯与红薯总数的关系就明确了，是 $1\div36=\frac{1}{36}$。

接下来，采购来的红薯总袋数是5袋，需要平均分给36匹战马，根据“总数 ÷ 份数 = 每份数”，得到 $5\div36=\frac{5}{36}$（袋）。此处的“$\frac{5}{36}$”是一个具体的数量，所以需要加上单位名称。

现在我们已经解决了第一个问题，你是不是信心倍增了呢？那趁热打铁，将第二个问题也攻克了吧！

红薯的总质量为 $5\times6=30$（千克），现在把30千克的红薯平均分给36匹战马，每匹战马分得 $30\div36=\frac{5}{6}$（千克）。此处的“$\frac{5}{6}$”是一个具体的数量，所以也需要加上单位名称。

第八章

大镜子对对碰

——分数和小数的互化

“谷雨快看，那边有好多彩虹！”走在半路，魔法小精灵突然指着远处的天空喊道。谷雨抬头仰望，一道道彩虹辉映着蔚蓝的天空，令人惊叹。但这么多彩虹同时出现在天上，太不科学了。谷雨内心隐隐感到不安，不由得加快脚步，和魔法小精灵一起向第八层跑去。

刚到第八层，一座镜面城门便引起了他们的注意。这城门大约有十几米高，左右两扇门向天空反射出两道彩虹。

推开大门走进去，里面是一面面与天空呈 45° 角摆设的镜子，每面镜子都向天空反射出一道彩虹。谷雨恍然大悟，原来天空中的无数道彩虹是从这里来的。

“哎哟！”突然，魔法小精灵“砰”的一声撞上了一面镜子，撞得她眼冒金星，蹲下捂住了脑袋。谷雨也好不到哪里去，身边的镜子里有无数个自己，让他感到眼花缭乱、头昏脑涨，他赶忙闭上眼蹲下了。

“这第八层是做镜子的吗？怎么会有这么多镜子？”谷雨抬起头，挑着一条眉毛，半眯着一只眼睛，问蹲在旁边的魔法小精灵。

“这层原本盛产棉花，这里的人为整个智慧塔的生灵提供御寒的衣物。”魔法小精灵说，“我也不知道这些镜子是从哪儿来的。”

“年轻人，看来你们刚到此地，不了解情况啊。”一个满身长着灰白色根须的老山参步履蹒跚地走过来，“黑面包国国王将镜子摆满第八层，镜子把这里的大部分阳光反射到空中，导致我们的棉花吸收不到足够的阳光，棉花株即将全部枯萎。如果不尽早解决，整个智慧塔就会缺少御寒的衣物，今年的冬天特别寒冷，到时候大家可就难过喽！”

“把这些镜子都移走，问题不就解决了吗？”谷雨皱眉看着遍地的镜子，问道。

“移不了，年轻人。这些镜子都是黑面包国国王用魔法固定在这里的，除非能破除他的魔法，否则谁也没办法把镜子移走。”老山参无奈地摇头。

魔法小精灵听了，焦急地咬着手指：“怎么办？得赶快想出办法来，冬天很快就来了啊！”

就在这时，天空飞过一群黑鸟。谷雨一眼就认出了他们：“是黑乌王的手下！快躲起来，千万不要让他们发现我们。”说着，谷雨和魔法小精灵躲到了镜子下面。老山参则静悄悄地站在原地一动不动，毕竟黑乌王的手下不会对一棵种在地里的老山参多么感兴趣。

等黑乌王手下的身影渐渐消失，谷雨才从镜子后钻出来，这时花璃层主送他的七色花从包里掉了出来。魔法小精灵捡起七色花递给谷雨：“七色花掉出来啦，赶快收好！”谷雨接过七色花，却发现其中红色的花瓣正在闪着微弱的光。

“难道这片红色的花瓣被摔坏了？”魔法小精灵不安地猜测。

“把它摘下来看看，或许它是想告诉我们什么。”谷雨轻轻摘下红色的花瓣，放在手心中，花瓣忽然闪着红色的光芒升到了半空。接着，四周的镜子上出现了**一些数字**：0.5，0.27，$\frac{3}{4}$，0.46，$\frac{9}{25}$，$\frac{5}{6}$…

“这些数字是什么意思？”魔法小精灵满腹疑团。

这时，第八层的小动物们循着红光聚了过来，大家围成一圈窃窃私语。

谷雨心想：这些数字出现在镜子里，有什么特别的意义呢？他不停地在镜子间走来走去，眼睛一直“扫描”着镜面上的数字。功夫不负有心人，谷雨经过不断反复观察，发现这些数字不是**分数**就是**小**

数，于是猜测玄机应该就藏在**分数与小数的关系**中。

“不管了，死马当活马医吧！我先选一个分数，把它化成小数看看。”谷雨低声地自言自语。

他站在写着 $\frac{1}{5}$ 的镜子前，对魔法小精灵说：“$\frac{1}{5}=0.2$，你去找找有没有写着 0.2 的镜子。”魔法小精灵赶忙去找，果然在不远处找到了。

“我现在用手指点着镜面上的 $\frac{1}{5}$ 不动，你赶快去点那面镜子上的 0.2。”谷雨吩咐道。

魔法小精灵飞过去，点了一下那面镜子上的 0.2。只听“砰”的一声响，两面镜子同时消失了。

“我找到让这些镜子消失的方法了！”谷雨兴奋地喊道。

“小伙子，你的方法是什么呢？快跟大家讲讲。”老山参激动地说。

谷雨点点头，贴心的魔法小精灵立刻给他变出了一个扩音喇叭。谷雨拿着扩音喇叭对小动物们说道：“接下来我们可以玩‘镜子对对碰’的游戏。大家玩着游戏就能把这些镜子全部移除，粉碎黑面包国国王的阴谋。”

“玩游戏还可以对付黑面包国国王？”大家你一言我一语地议论开来，感觉不可思议。

“请大家相信谷雨，他可是我请过来的护塔神卫，已经帮助下面几层都逃脱了黑面包国国王的魔爪。”魔法小精灵骄傲地说。

见大家都在盯着自己，谷雨立刻解释起来：“我们可以利用**分数和小数之间的互化**，来找到**相等的分数和小数**。同时点击两个相等的分数和小数，这两面镜子就会同时消失。”

“那小数和分数怎么互化呢？”一只长臂树懒慢悠悠地爬过来问。

谷雨指着旁边的一面镜子回答道：“看这面镜子，它上面是小数 0.5，而 0.5 是 5 个 $\frac{1}{10}$ 就是 $\frac{5}{10}$，所以只要找到上面写着 $\frac{5}{10}$ 的镜子就可以了。另外，10 份里面的 5 份，是 10 份的一半，也就是 $\frac{1}{2}$，所以找到上面写着 $\frac{1}{2}$ 的镜子也行。”

一只小蚂蚁听后跑到写着 $\frac{3}{4}$ 的镜子旁问：“我选这面镜子行吗？”

“亲爱的小蚂蚁，0.5 是 1 的一半，而 $\frac{3}{4}$ 是将单位“1”平均分成了 4 份，取其中的 3 份，它已经超过了 1 的一半了。显然 $\frac{3}{4} \neq 0.5$，$\frac{3}{4} > 0.5$ 啊！”谷雨解释道。

“啊？哦……”小蚂蚁不好意思地挠挠头。

“如果你还没听明白，我给你画图解释。我们画一条线段表示单位“1”，将这条线段平均分成 4 份，然后标出 0.5 和 $\frac{3}{4}$ 的位置。这样就更直观了。”谷雨边画边说，小动物们纷纷过来围观。

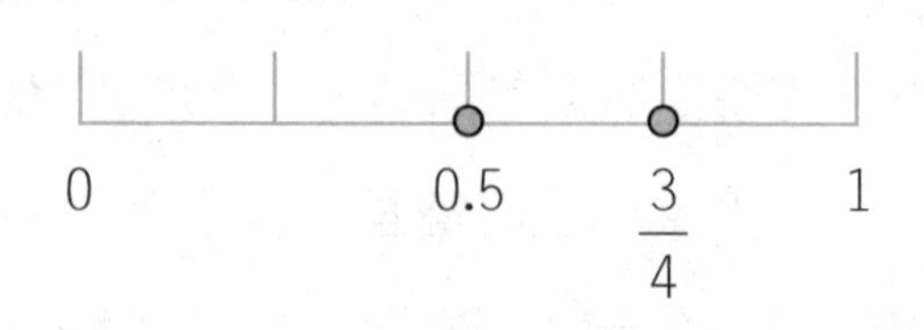

谷雨画完图继续说：“还有一个

验证的方法，就是运用**分数和除法的关系**，用**分子除以分母**，直接将 $\frac{3}{4}$ 这个分数化成小数，$\frac{3}{4}=3\div4=0.75$，$0.75\neq0.5$，所以上面是 $\frac{3}{4}$ 的这面镜子不行。不过小蚂蚁你待在那儿先别动，我去找找0.75。”谷雨说。

“不用找了，就在我的左边。”一只玲珑貂大声说。

“那你点一下镜面上的0.75。”谷雨目光一扫，看到了玲珑貂，就指导他去点镜子上的数字。

当玲珑貂碰到0.75时，“砰”的一声，这两面镜子也消失了。

“好神奇！我也来试试。我这边的镜子上是分数 $\frac{9}{25}$，$9\div25=0.36$，哪位帮我找一下写着0.36的镜子啊？”黄鹂鸟用她那像被天使吻过的嗓子说。

“这里，这里！我找到了。”树蛙大声说。

“我们一起点。”黄鹂鸟激动地说。

随着“砰”的一声响，又有一对镜子同时消失了。

“大家按这个方法，一起来玩这个‘镜子对对碰’的游戏吧。我们得争分夺秒地行动起来！”谷雨激励大家道。

大家按照谷雨教的方法，都沉浸在这个有趣的游戏里。可是没一会儿，魔法小精灵又遇到了一个难题：“谷雨，按你教的方法，$\frac{5}{13}=5\div13=0.384615 3\cdots$**除不尽**啊，这要怎么化成对应的小数？”

“0.3846153…可以用**‘四舍五入’法**，**保留一位小数**就是0.4，**保留两位小数**就是0.38，**保留三位小数**就是0.385，可以写

成 $\frac{5}{13}$ ~ 0.1，$\frac{5}{13}$ ~ 0.38，$\frac{5}{13}$ ~ 0.385。由此我推测，只要镜面上是这些数字的，应该都可以跟写着 $\frac{5}{13}$ 的镜子对消。你去试试吧。”谷雨说。

“我懂了！”魔法小精灵的眉头终于展开了。

“我周围都是小数，小数能化成分数吗？”老山参看着身边镜子上的数字问。

“可以的，我来给大家讲讲方法。”说着，谷雨又拿起了扩音喇叭，“你们可以先将自己遇到的**小数化成分数**，再去找有这个分数的镜子。至于方法，大家要仔细听哦！”

谷雨清了清嗓子，继续说：“**一位小数表示十分之几，两位小数表示百分之几，三位小数表示千分之几，可以分别写成分母为 10，100，1000 的分数**。比如那边的镜子上是 0.3，0.3 是一位小数，是把单位‘1’平均分成 10 份，取其中的 3 份，化成分数就是 $\frac{3}{10}$；0.57 是两位小数，是把单位‘1’平均分成 100 份，取其中的 57 份，化成分数就是 $\frac{57}{100}$；0.819 是三位小数，是把单位‘1’平均分成 1000 份，取其中的 819 份，化成分数就是 $\frac{819}{1000}$。大家懂了吗？”听完谷雨的讲解，大伙儿纷纷点头。

“好了，请大家继续快乐地对对碰吧！”魔法小精灵抢过扩音喇叭调皮地说。

没过多久，镜子就被大家消除了一大半。剩下来的镜子上面的分数和小数都不相等，大家不知道该怎么办了。

孔雀妹妹小声说：“谷雨，你看我这边的镜子上分别是 0.9，$\frac{7}{15}$，

0.48，$\frac{9}{68}$，可它们都不相等啊。”

“让我来想想有什么规律可循。”谷雨皱着眉头思考着，没一会儿，他抬头说，“咱们先把分数都化成小数看看。$\frac{7}{15} \approx 0.467$，$\frac{9}{68} \approx 0.132$，那么这几个数就变成了 0.9，0.467，0.48，0.132。你们看出什么规律了吗？”

听谷雨一说，魔法小精灵有些思路了：“$0.132 < 0.467 < 0.48 < 0.9$，也就是说，$\frac{9}{68} < \frac{7}{15} < 0.48 < 0.9$。我们可以试试按**从小到大**的顺序依次点这些数字，如果不行，再按**从大到小**的顺序试试。”

“嗯，很有道理！”谷雨肯定地点点头。

于是，孔雀妹妹按从小到大的顺序依次点击了四面镜子上的数字

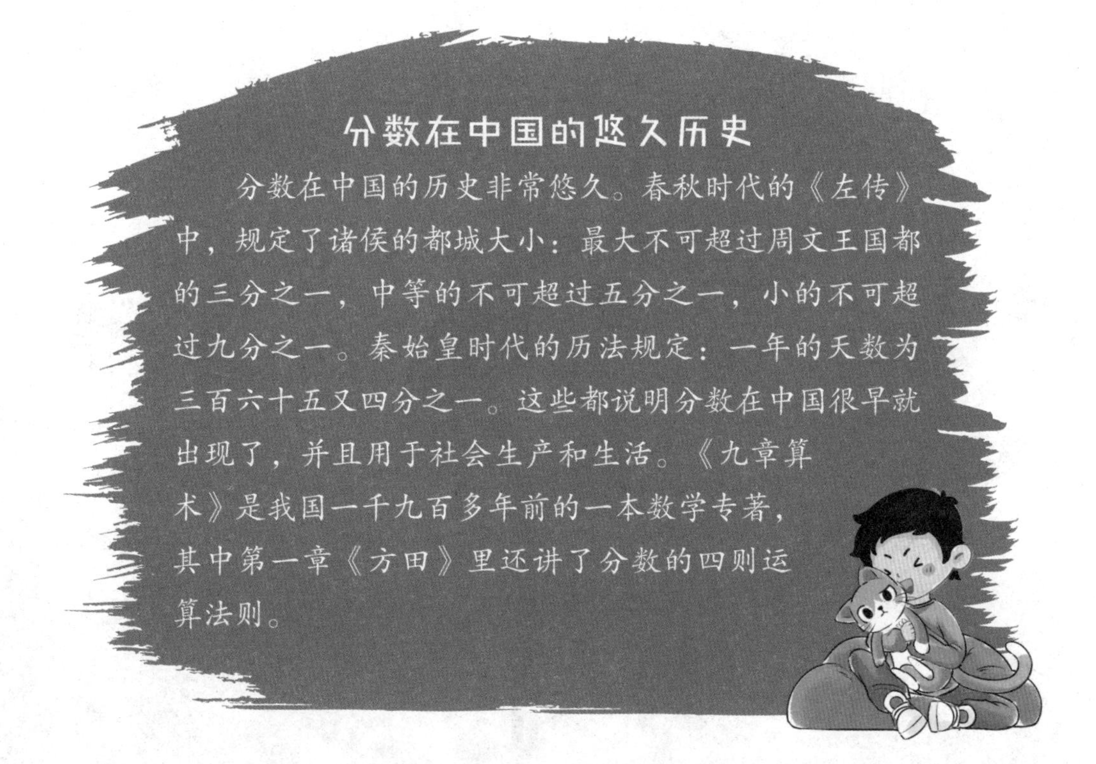

后，四面镜子都消失了。看来，魔法小精灵的猜测是正确的！

就这样，没用太长时间，所有的镜子就都消失了。

天空中那数不清的彩虹也不见了，病恹恹的棉花们又享受到了日光的洗礼，它们大口吸收着太阳的能量，慢慢变得朝气蓬勃。看着恢复了生机的棉花地，大家都松了口气。

“谢谢你们拯救了这些可爱的棉花，也让智慧塔的生灵不再害怕寒潮来袭了！”老山参的眼角溢出了眼泪。

“老山参爷爷，我们要继续前进了，智慧塔还有两层需要我们去帮忙呢！”谷雨说完抱了抱了老山参，向大家挥挥手，和魔法小精灵一起继续向下一层进发。

数学小博士

沉着机智的谷雨利用小数与分数的互化，成功地引导智慧塔第八层的伙伴们，将黑面包国国王设下的镜子全部对消掉，让棉花地重见阳光，棉花们蓬勃生长。

在这个过程中，大家熟练掌握了小数与分数互化的方法：要想把分数化成小数，只要用分子除以分母就行，当除不尽时，可以根据实际情况四舍五入保留一位小数、两位小数或三位小数。而要想把小数化成分数，要根据小数的意义，一位小数表示十分之几，写成分母为10的分数；两位小数表示百分之几，写成分母为100的分数；三位小数表示千分之几，写成分母为1000的分数，再化简。

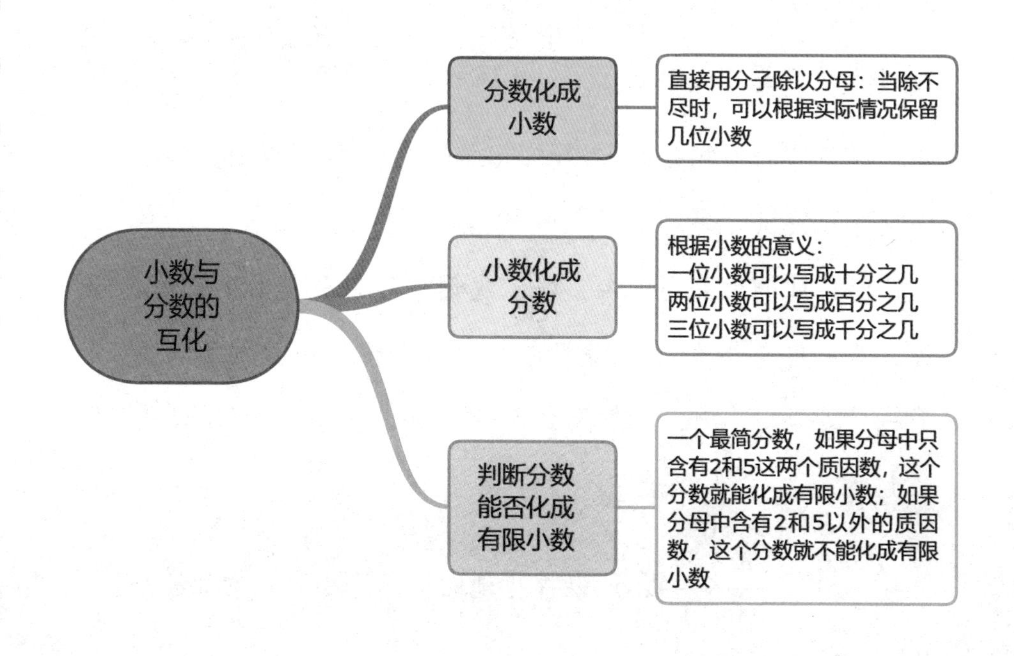

老山参爷爷早就在种植棉花之余，分出一些土地种植了小麦。现在小麦地里麦秆粗壮，麦穗又长又大，麦粒颗颗饱胀。谷雨站在棉花地和小麦地的交界处，欣赏着农田的美景，心情好极了。这时，魔法小精灵调皮地飞过来问谷雨："眼前这块小麦地的面积是 $\frac{7}{10}$ 公顷，旁边这块棉花地的面积是 0.4 公顷，你说哪块地的面积大一些呢？"你能帮谷雨比一比吗？

小麦地的面积是 $\frac{7}{10}$ 公顷，我们可以把 $\frac{7}{10}$ 化成小数后，再与棉花地的面积进行比较。$7\div10=0.7$，可知 $\frac{7}{10}$ 公顷 =0.7 公顷。棉花地的面积是 0.4 公顷，$0.7>0.4$，所以小麦地的面积比棉花地的面积大。

棉花地的面积是 0.4 公顷，我们也可以先把 0.4 先化成分数，然后再与小麦地的面积进行比较。根据小数的意义，0.4 是一位小数，一位小数表示十分之几，可以写成分母是 10 的分数，$0.4=\frac{4}{10}$，可知 0.4 公顷 $=\frac{4}{10}$ 公顷。小麦地的面积是 $\frac{7}{10}$ 公顷，$\frac{4}{10}<\frac{7}{10}$，所以棉花地的面积比小麦地的面积小。

第九章

药物运送之战

——长方体和正方体的表面积

谷雨和魔法小精灵刚进入智慧塔第九层，一股浓郁的药味便扑鼻而来。

“第九层是制药厂，负责给整个智慧塔提供药物。”魔法小精灵介绍道。

“哇，那第九层就是‘李时珍’的家喽！”谷雨笑着说。

两人边说话边四处张望，发现这里的药物都装在麻袋或罐子里，堆得到处都是。

“这些药怎么不运走啊？你看有些都被水泡了，估计已经没有药效了。”谷雨觉得太可惜了。

“以往药物装好后会立刻运往各层，现在怎么变成这样？”魔法小精灵也很疑惑。

“那是因为黑乌王一直在监视着我们的药物运输队。只要我们往外运送药物，他就命令乌鸦战队攻击运输队，把装药的麻袋和罐子全都啄坏。我们已经试过好多次了，都没能成功地把药物运出去。”一只小蜻蜓飞过来抱怨。

“又是那个黑乌王！他到处搞破坏，实在太可恶了！”谷雨气得直跺脚。

“你们是谁？你们认识黑乌工？”小蜻蜓警惕地问。

“我是精灵王国的魔法小精灵，他是我请来的护塔神卫谷雨。”魔法小精灵连忙介绍，“我们是来帮助你们击败黑面包国国王的。至于黑

乌王，我们已经和他交过几次手了。”谷雨也向小蜻蜓点点头。

“有你们的帮助，我想我们可以和黑乌王正面一战了！现在需要我做些什么吗？”小蜻蜓激动起来。

“请你把这层的伙伴们都叫过来，我们齐心协力一起对付黑乌王。”谷雨举起拳头说。

“好的，没问题！”小蜻蜓听了，一溜烟飞走找其他伙伴去了。

没过多久，第九层的动物们都来到了谷雨身边。谷雨站到一个高高的木桩上提高嗓门说：“大家好！我是精灵王国的护塔神卫谷雨，她是魔法小精灵。我们将和大家一起对抗黑面包国国王。首先，我们得把装药物的容器都换成**长方体**的铁箱，因为麻袋和罐子太容易被乌鸦战队啄坏了。”

“什么是长方体啊？”松鼠妹妹手拿糖果罐，跳到木桩旁，用好奇的眼神看着谷雨问。

“对呀，我们只知道长方形，什么是长方体呢？”“这长方体的铁箱怎么制作？”大家也纷纷提出了疑问。

“一般像冰箱、饼干包装盒等，都是长方体。看，松鼠妹妹手上拿的糖果罐就是长方体的。你们刚刚说的**长方形是平面图形**，而**长方体是立体图形**。通俗地讲，长方形是长方体的‘零部件’。”他借来松鼠妹妹手中的糖果罐，接着说，“就拿这个糖果罐来说吧，它的前后、上下、左右共有 3 组长方形，这些长方形一起组成了这个长方体。我们把围成这个长方体的**6 个长方形**叫作这个**长方体的面**。”

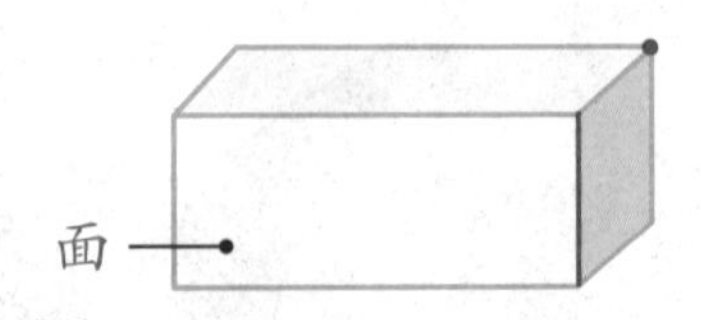

“懂了！围成立体图形的平面图形，叫作这个立体图形的面。”松

鼠妹妹在一旁蹦着说。

“真聪明！大家仔细观察就会发现，在一个长方体中，**相对的两个面完全相同**。而且这 6 个面是两两相交的，**两个面相交处的线段**就叫这个**长方体的棱**，不能再叫‘边’了哦！现在有人知道我手上这个糖果罐有几条棱吗？”谷雨笑着问。

“我看出来了，这个糖果罐的棱可以分成 3 组，每组 4 条，一共有

12 条棱，对不对？”小浣熊蹿过来抢答。

“完全正确，而且**每组 4 条棱**的长度是**相等**的。”谷雨补充道。

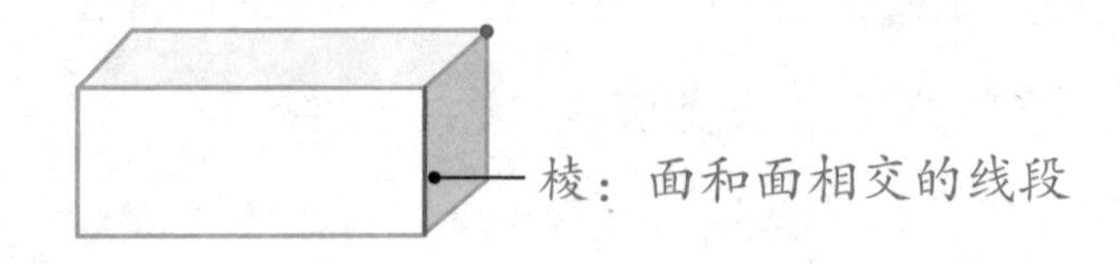

“再看看，你所在的角度能看到几个面？”谷雨又问。

“3 个面。”小浣熊不假思索地回答。

“咦？我这个位置也是只看到 3 个面。怎么回事，不是有 6 个面吗？”松鼠妹妹一头雾水。

“**站在不同的角度最多只能看到一个物体的 3 个面**，你又不是 360° 的监视器，当然看不全啊！”谷雨和松鼠妹妹开着玩笑，其他小动物听了纷纷笑着点头。

见大家都理解了，谷雨指着糖果罐接着说：“长方体的**每 3 条棱都有一个相交的点**，我们把这个点叫**顶点**。那么，大家请看，这个糖果罐一共有几个顶点？”

负鼠大伯也积极参与进来：“上面有 4 个，下面有 4 个，一共有**8个顶点**。”

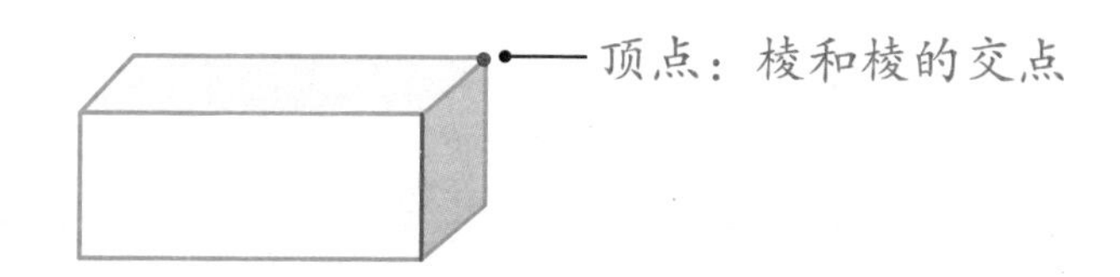

“正确！”谷雨竖起大拇指，“大家继续看，把一个长方体平放，相交于同一顶点的 3 条棱中，我们一般把水平方向的两条棱的长度分别叫作长方体的**长**和**宽**，竖直方向的这条棱的长度叫作长方体的**高**。”

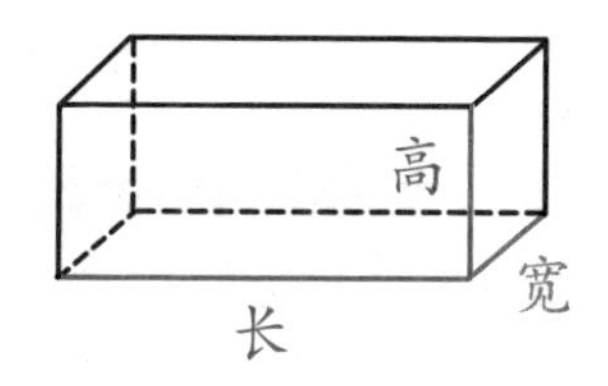

“那我的这个笔盒呢？”一只眼镜猴荡秋千似的荡过来问。

谷雨看了看，说：“这 6 个面中，有 2 个相对的面是正方形，它也是长方体。这种长方体另外 4 个面是完全相同的长方形，而且有 8 条棱长度相等。”

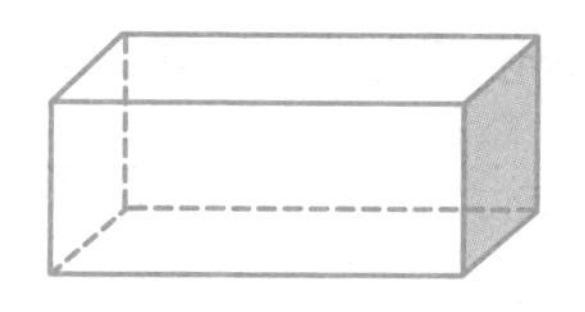

眼镜猴听了，数了数，又仔细地看了看：“哦，原来是这样啊！”

“我们赶快去用铁皮制作长方体运输箱吧！我们把长方体的尺寸定为：长 6 分米，宽 5 分米，高 4 分米。可以先制作 50 个。”谷雨接着提醒道，“对了，小蜻蜓，你还得让人去采购一些防漏胶带，把长方体的每条棱处都贴上防漏胶带，这样密封会更严。”

“我带着人去吧。我们要采购多长的防漏胶带啊？”负鼠大伯主动请缨。

“运输箱的棱长总长度是多少，防漏胶带就要用多少。”谷雨说。

“要量棱长的总长度？一个运输箱就要量 12 条棱的长度，那么多运输箱我们要量到猴年马月啊！”负鼠大伯面露难色。

谷雨耐心地解说：“不用一个一个去量，我有便捷的方法。你看，长方体的长、宽、高各有 4 个，所以，**长方体棱长的总长度 = 长 × 4 + 宽 × 4 + 高 × 4**。还有另一种方法，就是将长、宽、高看成一组，一共有 4 组，那么，**长方体棱长的总长度 =（长 + 宽 + 高）× 4**。现在铁箱的尺寸定为：长 6 分米，宽 5 分米，高 4 分米，所以一个铁箱需要的防漏胶带长度至少是（6+5+4）×4=60（分米）。我们要制作 50 个铁箱，总米数至少是 60×50=3000（分米），也就是 300 米。”

“这个方法妙啊！”负鼠大伯对谷雨敬佩极了。

大家齐心协力，没用多久，就做好了 50 个长方体铁箱。

“草药直接放在铁箱里倒是没有问题。但是成品药丸得按不同的用途，分装在正方体的塑料盒子里。”谷雨看了看准备装箱的药材。

“啊？怎么又来个正方体？”小浣熊愣住了。

“**正方体其实就是特殊的长方体**。魔法小精灵，你能帮我变出一个魔方吗？”谷雨转头问。

“当然！”魔法小精灵挥一挥魔法棒，一个魔方就出现在谷雨的手上。

谷雨拿着魔方说："这个魔方就是正方体。它和长方体一样都有 **6 个面、12 条棱和 8 个顶点**。区别在于正方体的 **6 个面是完全相同的正方形，12 条棱都相等**。它还有个好听的名字叫'立方体'。"

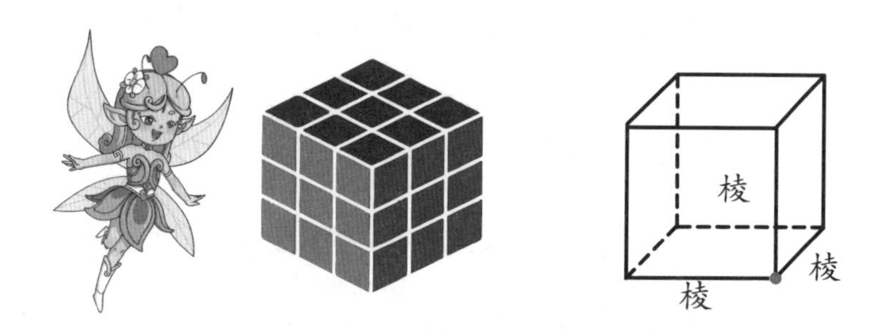

"那按你说的，我这样来表示长方体和正方体的关系，对不对呢？"小浣熊边问边在地上画了起来。

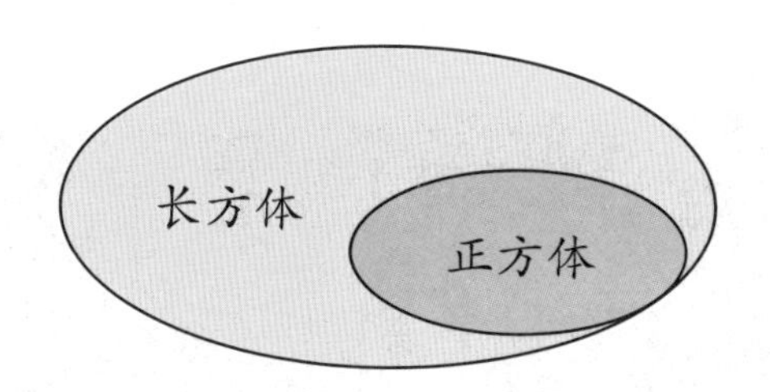

"当然正确啦！所以我们只要准备 6 个相同的正方形就可以组成一个正方体了。"谷雨点点头，又补充说，"做棱长是 10 厘米的正方体吧，这样大小的盒子便于装箱运输。"

"好的！"大家听完马不停蹄地去赶工了。

不久，一个个精致的塑料盒子就制作好了。谷雨拿着正方体盒子不住点头称赞："很不错！"

"对了，装好药丸以后，每个正方体盒子的棱上也都要用防漏胶带密封好。**正方体棱长的总长度 = 棱长 ×12**，也就是一个正方体要用 10×12=120（厘米）的防漏胶带。”谷雨提醒道。此时的他俨然已经是领头人了，很有大将风范。不过能力越大，责任越大，他觉得自己身上的担子不轻呢！

“我们做了 60 个正方体的塑料盒子，那么需要 120×60=7200（厘米），也就是 72 米的防漏胶带。之前买的不够，我再去买一些。”小浣熊说完，踏上滑板车走了。

俗话说：“一人拾柴火不旺，众人拾柴火焰高。”在大家的努力下，成品药丸很快就分装好了。

正当大家要把盒子放进铁箱里时，谷雨发现装好药丸的盒子没有分类，都混在一起了，于是对大伙儿说：“我们最好用不同颜色的包装纸来区分一下不同的药。”

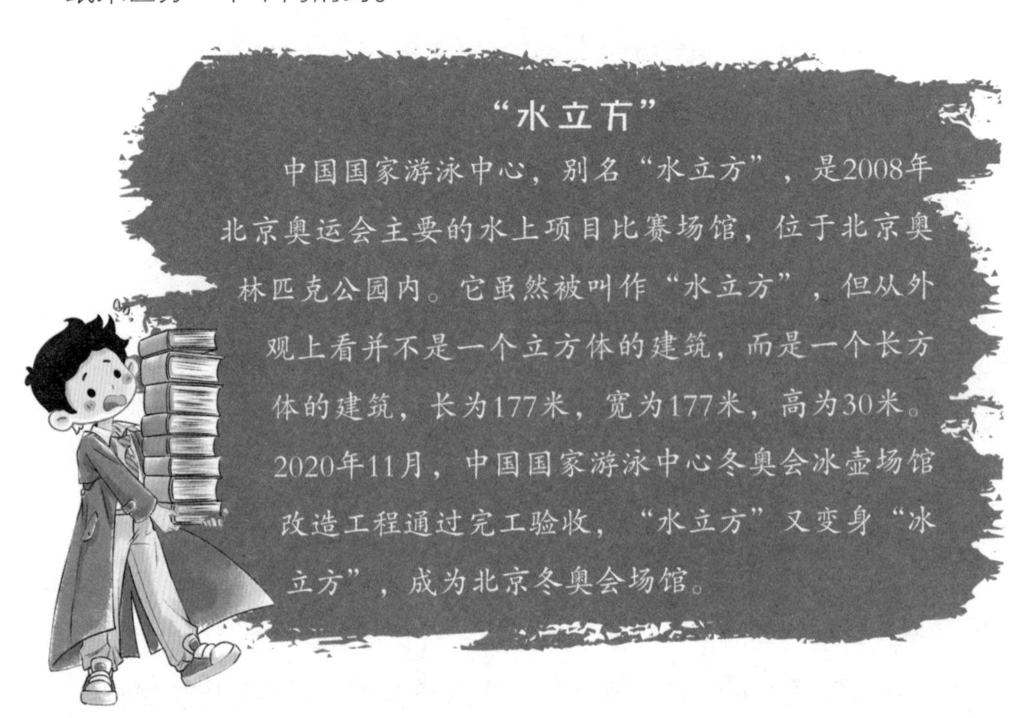

“那不同颜色的包装纸大概各要采购多少呢？”小浣熊问。

“嗯，这个就要算算正方体的表面积了。”谷雨回答。

“表面积又是什么新东西？”小浣熊好奇地看着谷雨。

“**正方体的表面积就是正方体 6 个面的面积之和**，不是什么新东西。”谷雨被逗笑了。

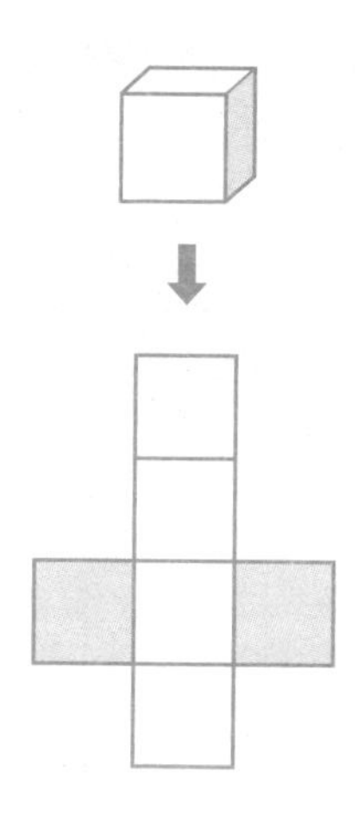

“哦，你这么一说我就知道了。正方体的 **6 个面完全相同**，求出一个面的面积就可以知道它的表面积了，就是 10×10×6=600（平方厘米）。我们有 60 个盒子，那么至少需要 600×60=36000（平方厘米），也就是 3.6 平方米的防水纸。”小浣熊的数学“功力”剧增，算得飞快。

“我这就去办！”小浣熊说完又准备踏上他的滑板车出发了。

魔法小精灵连忙拦住他：“等等，我们最后要把铁箱用隐形塑料薄膜裹好，这样更利于躲过黑乌王的侦察。所以你把隐形塑料薄膜一起采购回来吧。”

“那隐形塑料薄膜需要采购多少呢？”小浣熊的头都大了。

谷雨笑着安慰他：“别急，这次就要算长方体的表面积了。我们可以把**长方体6个面的面积**分别求出来，再**相加**。铁箱的尺寸是长6分米、宽5分米、高4分米，那么一个铁箱的表面积就是：6×5+6×4+5×4+6×5+6×4+5×4=148（平方分米）。当然这种方法比较麻烦，我们还可以根据长方体**相对的面完全相同**这一特征，列出算式：6×5×2+6×4×2+5×4×2=148（平方分米）或（6×5+6×4+5×4）×2=148（平方分米）。”

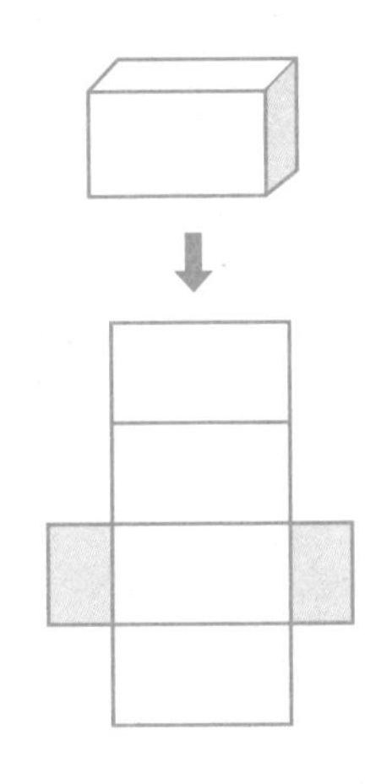

“原来如此。那50个铁箱就是需要至少148×50=7400（平方分米）的隐形塑料薄膜，也就是74平方米啦！”小浣熊一拍巴掌。

“是的。”谷雨点了点头。

“好的，我马上就去采购！”小浣熊摩拳擦掌。

最后，经过大家的一番努力，所有药物都按谷雨的指示装进了坚固的铁箱里。黄牛运输队拉着车，开始恢复向下面几层运送药物。

黑乌王闻讯带着乌鸦战队赶过去，但铁箱外面裹着隐形塑料薄膜，乌鸦们看不见铁箱，只看见一辆辆空空的板车在路上走。他们都感到莫名其妙：“是不是搞错了？车上什么也没有啊！”

“笨蛋，他们用了隐形塑料薄膜，还不快用‘显真眼药水’看个清楚！”空中突然传来黑面包国国王的声音。黑乌王和乌鸦们滴了眼药水，果然看见车上装满了箱子。

他们疯狂地向箱子上啄去，“咚咚咚”，乌鸦们的嘴撞在铁箱子上，全都变成歪嘴了。“呜呜呜，这些箱子竟然是铁的。我们撤！”黑乌王捂着可怜的嘴巴，带着乌鸦战队灰溜溜地撤退了。

黄牛运输队看得开怀大笑。他们把药物顺利地运到了智慧塔各层，送到需要它们的人手中。

第九层的药物恢复了运输，大家非常感谢谷雨和魔法小精灵的帮助。谷雨和魔法小精灵告别了这一层的动物们，坚毅地踏上了通往下一层的路。

数学小博士

在药物运送之战中，谷雨指导大家掌握了长方体和正方体的特征。

长方体：长方体有 6 个面，且都是长方形，当然也可能有 2 个相对的面是正方形；长方体的棱分 3 组，共 12 条，每组中 4 条棱的长度相等，最多有 8 条棱的长度相等；长方体有 8 个顶点。

正方体：正方体有 6 个面，所有的面都是完全相同的正方形；正方体也有 3 组共 12 条棱，但它所有棱的长度全部相等；正方体的顶点个数和长方体一样，有 8 个。

从上述特征可以看出，正方体是长、宽、高都相等的特殊长方体。

谷雨还告诉了大家关于这两个几何图形表面积的相关知识：长方体或正方体 6 个面的面积之和，叫作它的表面积。

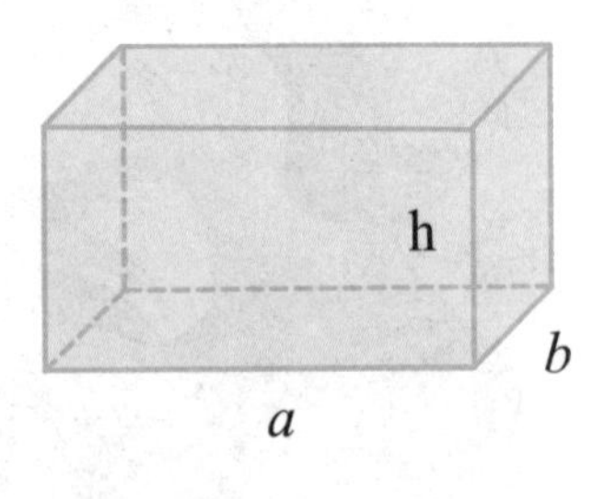

长方体的表面积 = 长 × 宽 × 2 + 长 × 高 × 2 + 宽 × 高 × 2 =(长 × 宽 + 长 × 高 + 宽 × 高) × 2，如果用 a，b，h 分别表示长方体的长、宽、高，S 表示长方体的表面积，那么 $S = 2ab + 2ah + 2bh = (ab + ah + bh) \times 2$。

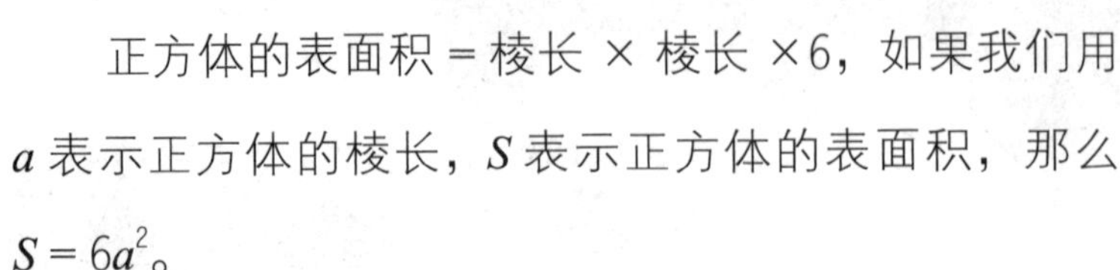

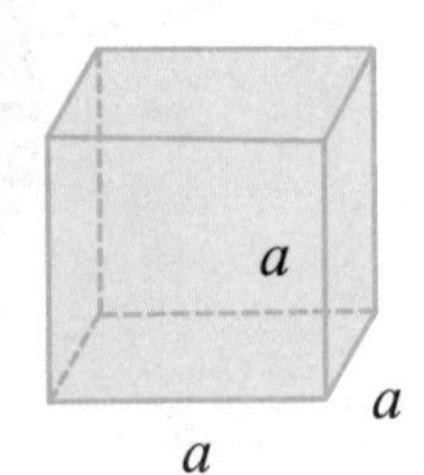

正方体的表面积 = 棱长 × 棱长 ×6，如果我们用 a 表示正方体的棱长，S 表示正方体的表面积，那么 $S = 6a^2$。

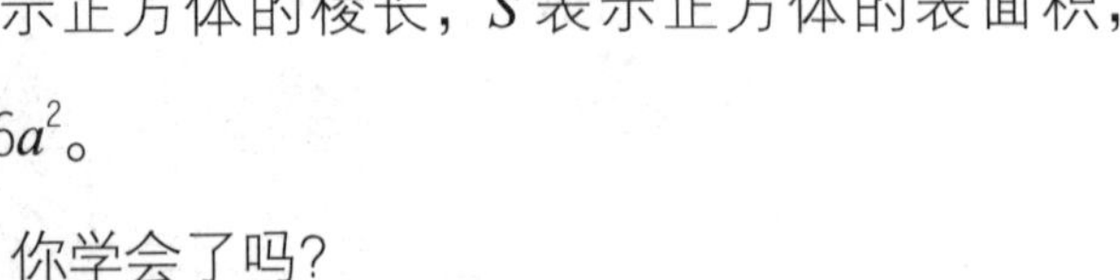

你学会了吗?

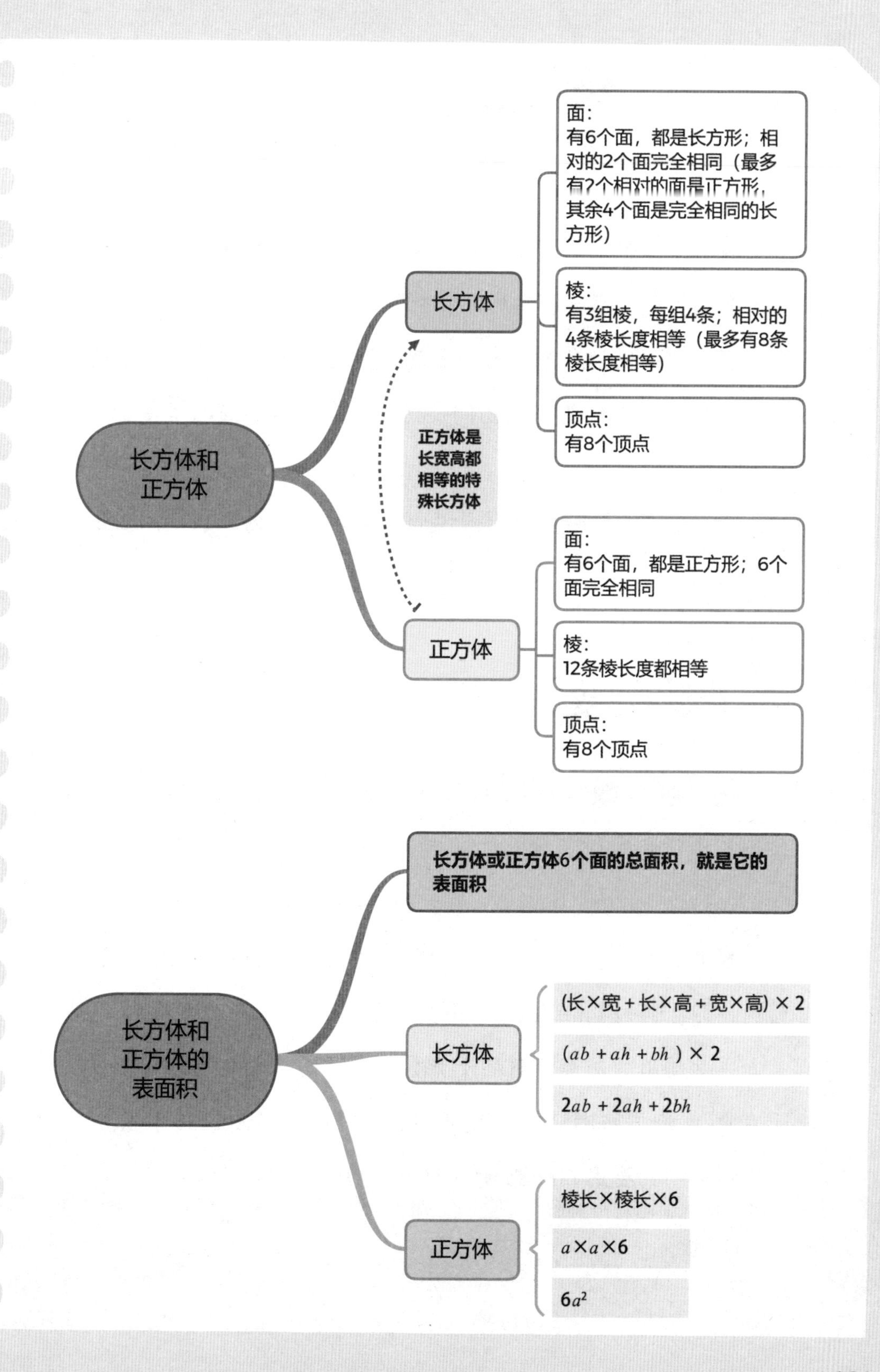
长方体和正方体
长方体
面：
有6个面，都是长方形；相对的2个面完全相同（最多有2个相对的面是正方形，其余4个面是完全相同的长方形）
棱：
有3组棱，每组4条；相对的4条棱长度相等（最多有8条棱长度相等）
顶点：
有8个顶点
正方体是长宽高都相等的特殊长方体
正方体
面：
有6个面，都是正方形；6个面完全相同
棱：
12条棱长度都相等
顶点：
有8个顶点
长方体和正方体的表面积
长方体或正方体6个面的总面积，就是它的表面积
长方体
(长×宽+长×高+宽×高)×2
$(ab+ah+bh)\times 2$
$2ab+2ah+2bh$
正方体
棱长×棱长×6
$a\times a\times 6$
$6a^2$

梅雨季节来临，智慧塔第九层的动物们准备给药物原料仓库内部的屋顶、四周墙壁和地面都刷上防潮涂料。

仓库内部长为 8 米，宽为 5 米，高为 4 米，除去门窗面积 21.5 平方米，你知道小动物们要粉刷防潮涂料的面积是多少平方米吗?

如果每平方米要用 0.25 千克防潮涂料，那么一共要用多少千克防潮涂料呢?

仓库的内部其实是一个长 8 米、宽 5 米、高 4 米的长方体，这个长方体的表面积 =（长 × 宽 + 长 × 高 + 宽 × 高）× 2 =（8 × 5 + 8 × 4 + 5 × 4）× 2 = 184（平方米）。

接着还要减去门窗所占的面积，才是需要粉刷防潮涂料的面积，即 184−21.5=162.5（平方米）。

一共要用的防潮涂料的千克数 = 每平方米用的防潮涂料的千克数 × 粉刷防潮涂料的面积 =0.25×162.5=40.625（千克）。

所以一共要用 40.625 千克防潮涂料。

第十章

10

消路障见女王

——长方体和正方体的体积

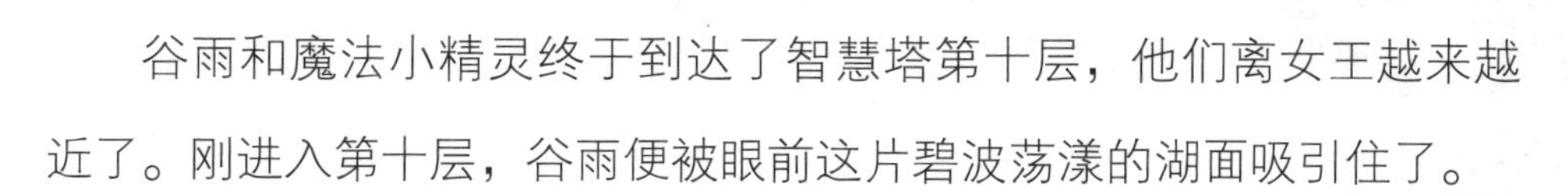

谷雨和魔法小精灵终于到达了智慧塔第十层，他们离女王越来越近了。刚进入第十层，谷雨便被眼前这片碧波荡漾的湖面吸引住了。

“看！阳光洒满湖面，金光闪闪的，还不时泛起层层涟漪。”谷雨兴致勃勃地描绘着湖面的美。

“这是‘奋斗湖’，湖水有着特殊的神力，比如灌满物体内部的话可以让物体消失。”魔法小精灵看着谷雨既好奇又陶醉的样子，便给他介绍起来。

“奋斗湖，多好的名字啊！我们要一起努力，尽快救出精灵女王。”谷雨激动地握紧拳头。

“哼，你以为你能顺利救出精灵女王吗？告诉你——休想！这里可有我耗费了大量魔力设下的障碍，你绝对破除不了的！”四周忽然响起黑面包国国王的吼叫声。

“你未免也太自信了！”谷雨向虚空中大喊。

“那你就往前走试试看！”吼叫声更大了。

谷雨懒得理会黑面包国国王的恐吓，径直向前走。可是不一会儿他就发现很多大大小小的**长方体和正方体**的障碍物高低错落地立在大路上，把通往第十层宫殿的路都堵死了。而且障碍物上方被施了

魔法，也无法飞过。

“谷雨，这些障碍物乱七八糟地立在这里，像个‘乱石阵’。我们怎样才能扫清这些障碍呢？难道要一个个搬走它们吗？而且有很多巨大的障碍物，根本搬不动吧！”魔法小精灵有些焦躁。

这时，一只白头翁飞过来，落在谷雨头顶上方的树枝上，说道：“这些障碍物数量太多了，而且只要一搬动，附近就会立刻克隆出十个

同样大小的障碍物。你们看，这里就是因为我们一开始不知道，乱搬乱走，导致路已经被堵死。现在，不管是我们进宫殿，还是精灵女王出宫殿，都是不可能的事了。”

谷雨仰头看向这只面容憔悴的小鸟，自我介绍道：“你好，我是谷雨，她是魔法小精灵。我们是闯过了前九层的难关，来这里救精灵女王的。”

“你们能从第一层到达这里，一路跋山涉水，冲破层层阻碍，真的太令人钦佩了！可是黑面包国国王为了困住精灵女王，在第十层使出了他的终极本领，恐怕你们也束手无策啊！”白头翁担心地说。

“世上无难事，只怕有心人。只要我们静下心来仔细琢磨，总会有办法的。”谷雨坚定地拍拍胸脯。

“对，更何况‘一箭易断，十箭难折’，我们一起努力吧！”魔法小精灵也激励道。

“好，那我去叫其他伙伴过来一起想想办法。”白头翁受到鼓舞，重新燃起斗志，把这一层的小动物们都喊了过来。

“你们有什么办法消除这些障碍物吗？”白狐大哥充满期待地问。

“我刚刚用花璃层主送的七色花碰了一下脚边的这个**长方体**，黄色的花瓣一闪，它上面就显现出了很多线，这些线把这个长方体切分成了若干**小正方体**。每个小正方体上都闪现出**‘1 立方分米’**的字样。而且我测量了一下，每个小正方体的**棱长**都是**1 分米**。”谷雨指着长方体，慢慢说道，“所以我感觉，消除障碍一定跟这个‘1 立方分米’有关系。”

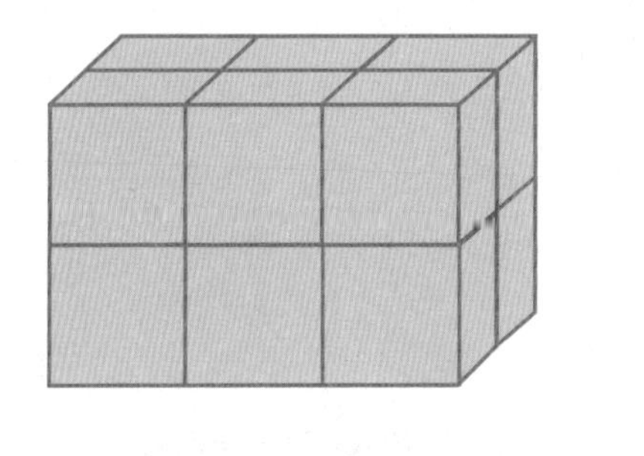

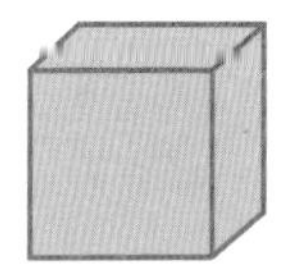

1 立方分米

“立方分米是什么？”白狐大哥发出疑问。

“是体积单位。常用的**体积单位**有**立方厘米、立方分米和立方米**，写作 cm^3、dm^3、m^3，相邻两个体积单位之间的进率为 1000。”谷雨介绍说。

“体积又是什么意思？”白狐大哥接着问。

“**体积就是物体所占空间的大小**。”魔法小精灵抢着替谷雨回答道。

“那知道体积有什么用呢？”白狐大哥没想明白。

谷雨正围着身边的长方体一边转圈一边观察，突然他有了思路：“你们看，这些障碍物都是空心的，而且壁也不厚，如果我们给它们都钻个小洞，通过这个小洞往里面灌满奋斗湖的湖水，说不定就能解决这些障碍了。我记得魔法小精灵说过，奋斗湖的湖水有让物体消失的神力！”

“对呀，我们怎么没想到这个办法呢！那要取多少湖水来才够呢？”白狐大哥激动起来，立刻又问。

“这就要用到刚才你问的‘体积’了。”谷雨冲他笑了笑，“如果每个小正方体的体积是 1 立方分米，那么这个长方体的体积就是 12 立方分米。按容积是 1 立方分米的容器大约可以装 1 升水来算，它可以装 12 升水。”

“你怎么知道是12立方分米？上面写着吗？”魔法小精灵围着长方体转了一圈，也没发现。

谷雨指着长方体上的线给她讲：“你看它被这些线分成了上下 2 层，每层每行有 3 个小正方体，有 2 行，可以算出这个长方体含有的**小正方体的总数**，即‘**每行的个数 × 行数 × 层数**’，所以共有 12 个这样的小正方体。一个小正方体的体积是 1 立方分米，12 个就是 12 立方分米，也就是说这个长方体的**体积**是 12 立方分米。”

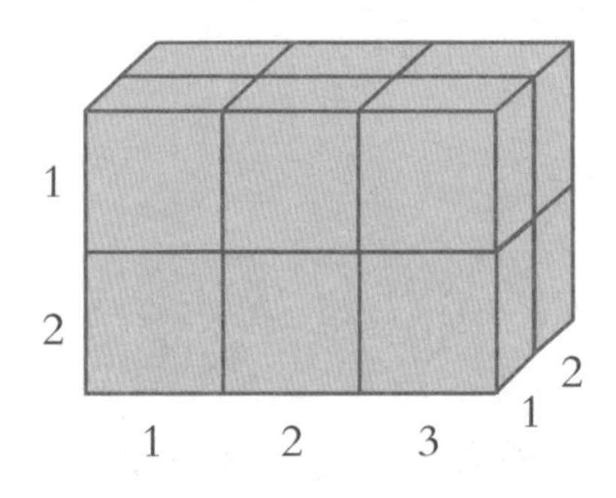

“谷雨你太聪明了！我立刻就去取湖水。”白狐大哥挽起袖子，跃跃欲试。“等等，我给你准备专用工具。”魔法小精灵说着变出了一个带刻度的大量杯和一个敞口的水桶。白狐大哥接过量杯和水桶，像离弦的箭剑一般冲向奋斗湖，很快便取来了 12 升湖水。谷雨接过湖水，用魔法小精灵变出的漏斗把水从打好的小洞灌进去，不一会儿便将长方体灌满了。

谷雨用准备好的封泥将小洞堵上，和大家一起定睛观察着灌满水的长方体。大概十几秒后，长方体开始闪烁黄光，随着“噗”的一声，长方体整个消失了。

“看来被我猜中了，只要将湖水灌满这些空心的障碍物，它们就会消失。”谷雨舒了一口气。

“为什么这 12 升湖水还有一点点剩余啊？”螳螂小弟看着地上的水桶说。

“因为这个长方体的壁是有**厚度**的，所以它内部的**容积**要比**体积**稍微**小一点儿**。不过这些障碍物的壁相对来说很薄了，没有太大影响。”谷雨摆了摆手。

“现在黑面包国国王对这一层的动向看得特别紧，我们这么多人不停往返奋斗湖取水，肯定会引起他的怀疑，我怕他会派手下来攻击我们。”白狐大哥有点儿担心。

“我们可以先统计出开辟道路所需要消除的长方体和正方体的体积，然后算出总体积，让运输队合理安排，尽量减少运送的次数。”谷雨建议道。魔法小精灵这时则摘下了七色花的黄色花瓣，往天上一扔，随着花瓣闪光又消失，地上的障碍物上都出现了和之前长方体上一样的线。

“这个方法好！那大家现在就按谷雨神卫的方法，去尽量统计这条路附近的长方体和正方体的体积吧。”白狐大哥安排起来，大家一呼百应。

“我需要再确认一下，**长方体或正方体中一共有几个 1 立方分米的小正方体，体积就是几立方分米**，是不是？”百灵鸟不放心地问。

“对！”谷雨点头道。于是大家便纷纷行动起来。

大半天过去了，大伙儿虽然都铆足了劲儿干，但效率有点儿低。谷雨看在眼里，急在心里，于是他又做起了统计表。

	长 / 分米	宽 / 分米	高 / 分米	小正方体的个数	体积 / 立方分米
1 号长方体	5	8	9	360	360
2 号长方体	10	5	12	600	600
3 号长方体	13	11	21	3003	3003
4 号长方体	20	12	34	8160	8160
5 号长方体	50	40	20	40000	40000

谷雨刚填了几行表格，突然灵光一现：长方形的体积不就是长、宽、高三个数值的乘积吗？也就是说，**长方体的体积 = 长 × 宽 × 高**。这样的话，就不需要去一个个数小正方体的个数了，直接数长方体的长、宽、高各是多少，就可以很快求出体积。于是他立刻跟小动物们说了这个方法。还告诉他们，如果用 V 来表示长方体的体积，a、b、h 分别表示长方体的长、宽、高的话，长方体的体积公式就可以表示为：$V=abh$。

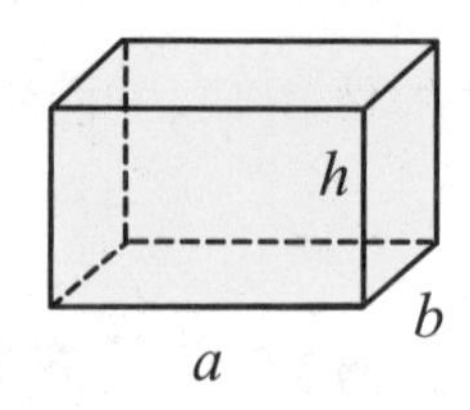

果然，大家记住这个公式后，效率比之前高了很多，都又快又准地算出了每个障碍物的体积。

“谷雨神卫，你看我这里有几个长方体，上面没有线呀，这怎么算它们的体积呀？”一只驼鹿走过来问。

“应该是七色花的魔力没有黑面包国国王的强，所以有一些无法显现辅助线。”谷雨看了看，转头向魔法小精灵借了卷尺量了起来，然后对驼鹿说，“这是一个长 4 分米、宽 1 分米、高 1 分米的长方体。按数小正方体的方法，可以这么做：长 4 分米说明这个长方体一行能摆 4 个小正方体；宽和高都是 1 分米，说明能摆 1 行 1 层；那么，这个长方体一共就含有 4 个 1 立方分米的小正方体，所以这个长方体的体积是 4 立方分米。当然按现在的方法‘长方体的体积 = 长 × 宽 × 高’的话，就是 4×1×1=4（立方分米）。”

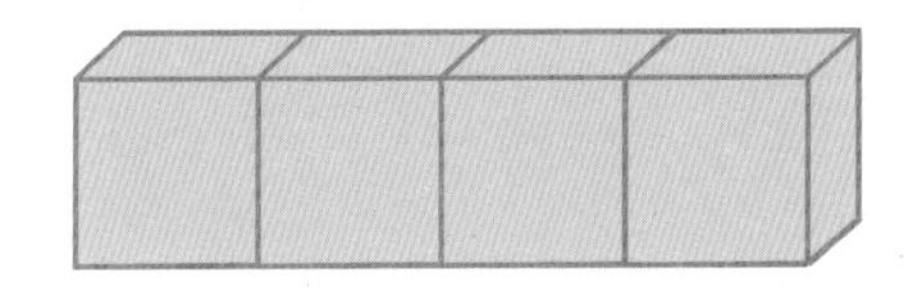

“我明白了！但是我左手边是个正方体，它没有长、宽、高，要用什么方法算呀？”驼鹿又问。

“正方体是长、宽、高都相等的特殊长方体，我们将它相等的长、宽、高统称为‘棱’。根据长方体的体积 = 长 × 宽 × 高，可以推断出：**正方体的体积 = 棱长 × 棱长 × 棱长**。如果用 a 表示正方体的棱长，V 表示正方体的体积的话，可以写成：$V=a\cdot a\cdot a$，也可以写成 $V=a^3$，‘a^3’读作‘a 的立方’。你左手边的这个正方体的棱长是 5 分米，那么它的体积就是 5×5×5=125（立方分米）。”谷雨耐心地给他讲。

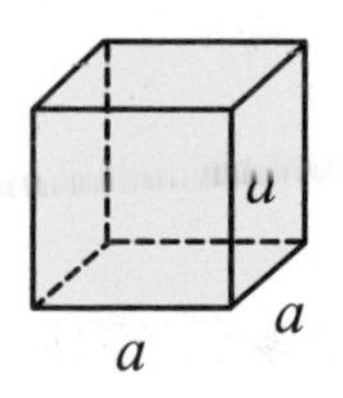

“原来如此！你的意思我懂了，这样算比我一个个数正方体个数快多了。”驼鹿眉开眼笑。

“好是好，可这一会儿长方体，一会儿正方体，一会儿‘体积 = 长 × 宽 × 高’，一会儿‘体积 = 棱长 × 棱长 × 棱长’。对于你们年轻人还行，我们老年人就有点儿听晕了。”棕熊奶奶面露难色。

谷雨听了挠挠脑袋，蹲在地上画了一个长方体和一个正方体，他准备研究出一个同时适用于计算正方体和长方体体积的方法。

“‘长 × 宽’对于长方体来说就是算它的底面积，再乘一个‘高’，那长方体的体积不就是‘底面积 × 高’了嘛。而在正方体体积的算法中，‘棱长 × 棱长’也可以看作是算正方体的底面积，再乘一个‘棱长’，这个棱长也可以看作是高，那正方体的体积也可以用‘底面积 × 高’来算。”谷雨看着自己画的图自言自语着，脑子也越来越清醒。

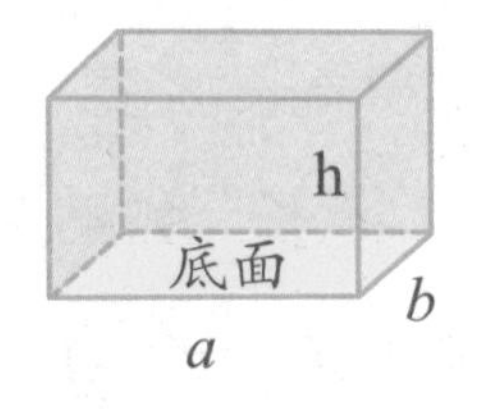

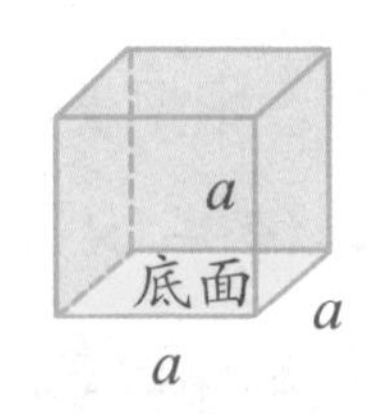

不大一会儿，谷雨便兴奋地对棕熊奶奶说：“我想出一个统一的方法了，长方体和正方体的体积都等于底面积乘高！”

谷雨指着自己在地上画的图，把刚刚脑子里想的一切对棕熊奶奶说了一遍。棕熊奶奶听了夸赞道："真不错！通过长方体的底面积 = 长 × 宽，正方体的底面积 = 棱长 × 棱长，从而发现**长方体**和**正方体**的**体积**都可以用**'底面积 × 高'**求出。妙！"

"哈哈，我在旁边听你们说也懂了！看我身边的这个长方体，测量出长20分米，宽16分米，高10分米，那么它的底面积是20×16=320（平方分米），体积就是320×10=3200（立方分米）。"一只小白貂凑过来说。

"嗯，没错！"谷雨满意地点点头。

"我身旁的这个正方体棱长是20分米，它的底面积是20×20=400（平方分米），体积就是400×20=8000（立方分米）。奶奶算得对不对呀？"棕熊奶奶面带慈祥的微笑问谷雨。

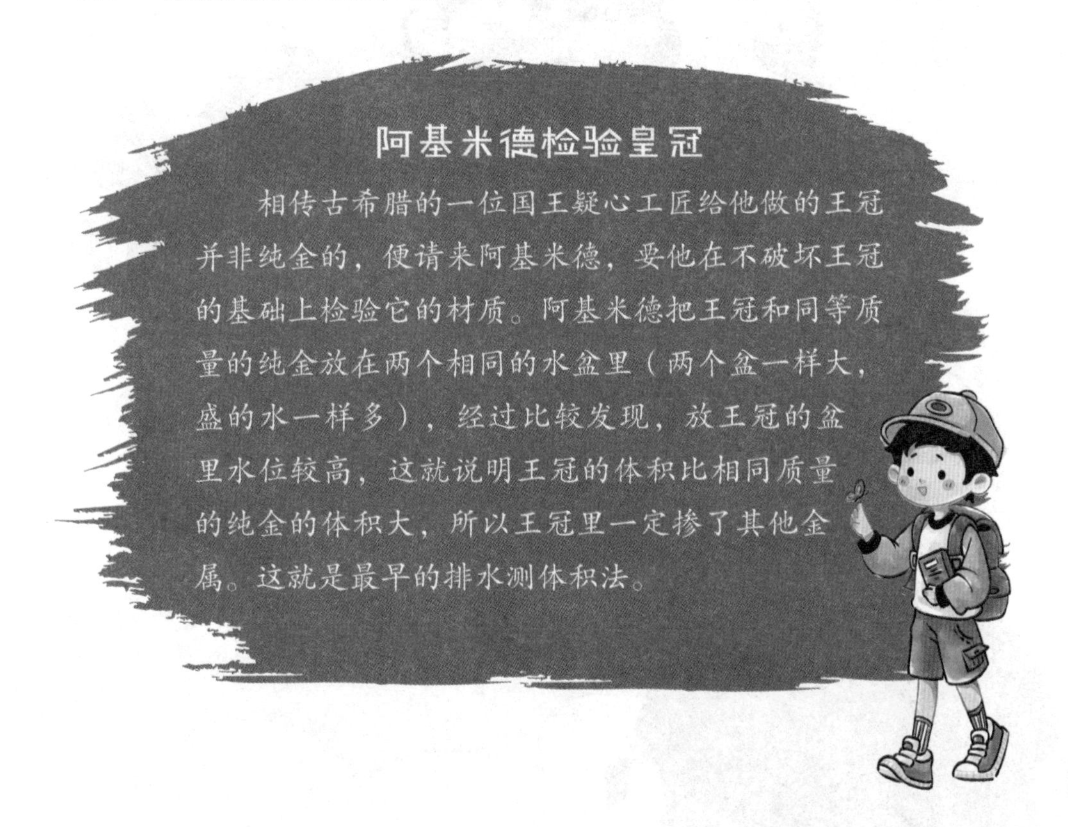

阿基米德检验皇冠

相传古希腊的一位国王疑心工匠给他做的王冠并非纯金的，便请来阿基米德，要他在不破坏王冠的基础上检验它的材质。阿基米德把王冠和同等质量的纯金放在两个相同的水盆里（两个盆一样大，盛的水一样多），经过比较发现，放王冠的盆里水位较高，这就说明王冠的体积比相同质量的纯金的体积大，所以王冠里一定掺了其他金属。这就是最早的排水测体积法。

“奶奶你真棒！完全正确！”谷雨开心地鼓掌。

有了谷雨研究出的体积新算法，大家在很短的时间内，就算出了这些长方体和正方体障碍物的体积总和，又根据体积总和估计出了大概的总容量，河马大哥也很快运来了等量的湖水。

湖水一到，大家迅速协作起来，往那些正方体和长方体里注入湖水。随着障碍物一个个被灌满后消失，迷宫似的被堵死的道路渐渐都被疏通了，大家看着眼前的路，一个个欢呼雀跃。

黑面包国国王知道后，气得青筋暴起，眼睛里充满血丝。他不明白自己精心设计的路障怎么这么轻易就被消除了呢？由于精神受到沉重的打击，他变得疯疯癫癫，最后不知去向。

谷雨和大家无暇理会他，一起奔向第十层的宫殿。

宫殿大门被推开的一瞬间，一道七彩光芒向他们射来。大家都抬头望去，只见不远处一位身着白色纱裙，头戴皇冠的人正缓缓走来，她是那样的端庄典雅。

“亲爱的女王，我们来晚了，让你在这里被囚禁了好久！”魔法小精灵心疼地说，“在你被囚禁的时候，我们都束手无策，最后我去请回了谷雨，请他当我们精灵王国的护塔神卫。在他的帮助下，我们这才一路闯关过来救你。”

女王向谷雨深深鞠了一躬，握住他的手万分感谢：“伟大的谷雨勇士，你用你的智慧和勇敢拯救了整个智慧塔，我代表智慧塔和精灵王国感谢你！”说着她双手一挥，变出了一堆金灿灿的奖章，“这是我们精灵王国的最高荣誉勋章，一共十枚，请你收下吧！”

谷雨的脸红到了耳根，他从来没得到过这么高规格的奖励。只见他不停地挠着头傻笑，嘴里除了“谢谢”也不知道能说什么了。

“以前我以为黑面包国国王只是狂妄了一些，不是作恶多端。但事实告诉我，他是一个想独霸一方的恶人。所以现在我要用智慧神鼎去收服他，将他封印在里面，让他没有机会再危害整个精灵王国。”精灵女王严肃地说。

“封印黑面包国国王！封印黑面包国国王！”大家都慷慨激昂地振臂高呼着。

谷雨和魔法小精灵相视一笑，也加入了高呼的人群。

数学小博士

名师视频课

聪明的谷雨算出了障碍物的体积，再将奋斗湖湖水注入其中，成功破解了黑面包国国王的魔法。

我们要记住谷雨使用的相关知识：1. 长方体的体积 = 长 × 宽 × 高，用字母表示为：$V=abh$；2. 正方体的体积 = 棱长 × 棱长 × 棱长，用字母表示为：$V=a \cdot a \cdot a$ 或 $V=a^3$；3. 根据长方体的底面积 = 长 × 宽，正方体的底面积 = 棱长 × 棱长，得出长方体或正方体的体积还可以表示为：长方体（或正方体）的体积 = 底面积 × 高，用字母表示为：$V=Sh$；4. 常用的体积单位有：立方厘米、立方分米和立方米，写作 cm^3、dm^3、m^3，相邻两个体积单位之间的进率为 1000。

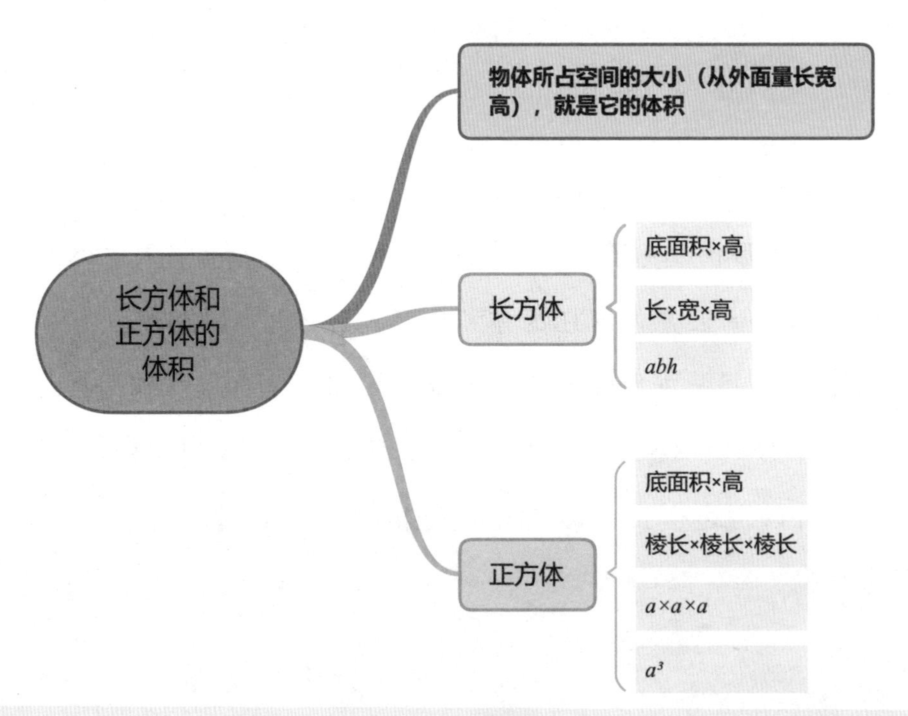

谷雨成功解救了精灵女王。作恶多端的黑面包国国王见大势已去，正准备仓皇逃命之际，精灵女王抓住了他，并将他封印在了智慧神鼎里。为了不让黑面包国国王有任何从神鼎中逃脱的机会，必须把智慧神鼎置于智慧塔第十层的一口方井里。

现在方井的井盖损坏了，需要用特制的钢材重新锻造一个厚重的井盖。井盖是一个长 9 分米、宽 6 分米的长方体，而精灵女王给的原材料却是一个棱长为 12 分米的正方体钢坯。请问这个正方体钢坯锻造出的长方体井盖厚度是多少呢？（损耗不计）

我们要知道女王给的正方体钢坯锻造成一个长方体的井盖后，只是形状改变了，但体积是没有改变的。所以，长方体井盖的体积 = 正方体钢坯的体积 =12×12×12=1728（立方分米）。再根据长方体的体积 = 底面积 × 高，得出长方体井盖的高 =1728÷（9×6）=32（分米）。长方体井盖的高就是它的厚度。

所以，这个正方体钢坯锻造出的长方体井盖厚度是 32 分米。

尾声

精灵女王获救后，黑面包国国王被收服在了智慧神鼎里，智慧塔里的一切都恢复了往日的平静祥和。

任务已经圆满完成，现在该是谷雨回家的时候了。他和魔法小精灵乘着彩虹先回到了精灵王国。精灵王国的子民纷纷簇拥过来，把他们围在中央，欢呼着。

这时，精灵女王分开人群缓缓向谷雨走去，她指着恢复十色光芒的智慧塔说："亲爱的谷雨勇士，智慧塔现在的耀眼离不开你的相助，我们会永远记得你！"

谷雨知道自己马上就要离开了，心里有着深深的不舍。过了许久，他才开口："现在的离别是为了将来更好地重逢。亲爱的朋友们，现在我得回家继续努力学习了，或许等下一次见面时我又多了很多新本领呢！"

魔法小精灵不忍继续感受离别的气氛，双手拉着谷雨飞向天空，把他送回到他离开时的那间卧室，并用魔法让他在床上香甜地睡了。

"要迟到了，你怎么还在睡！"耳边突然传来妈妈响彻云霄的喊声，谷雨猛然惊醒。他疑惑地挠着前额自言自语："起床？我怎么会在睡觉？难道一切只是一场梦？"可当他掀开被子时，十枚精美的最高荣誉勋章却整整齐齐地摆在床上，它们见证着谷雨经历过的一切。

谷雨洗漱完毕，背上书包飞奔向学校，这天他的数学课上得比以前更认真了，大张老师十分欣慰。

这次的拯救智慧塔之旅让谷雨感受到了知识的神奇力量，他希望在将来的某一天，能用自己学到的数学知识帮助更多的人。